なぜ？ どうして？

いきもののお話《はなし》 2年生

総合監修 杉野さち子

Gakken

いきもののなぜ？を考《かんが》えて　みよう

きせつの　うつりかわりと　ともに、
いきものたちには　へんかが　おとずれます。
絵《え》を　見《み》て「なぜ？」と　思《おも》った　ことを
考《かんが》えたり、しらべたり　して　みましょう。

おうちの方へ…一つの季節を一枚のイラストで表現している都合で、
一部のいきものは、実際には同じ空間にいない場合があります。

考えて　みよう

なぜ
テントウムシは
つるつるした　草《くさ》の
くきでも
のぼれるの？

⇒ 145 ページへ

春
はる

冬《ふゆ》を　おえ、あたたかく
なると、どんな　へんかが
あるのでしょうか。

⇒125ページへ

考《かんが》えて　みよう
キツツキは
どうして　木《き》を
つつくんだろう？
考《かんが》えて　みよう
冬《ふゆ》の　ページと
見《み》くらべて
みよう。

夏《なつ》

あつい　夏《なつ》。カブトムシや
セミが　すがたを　見《み》せ、やさいが
みのって　いるようです。

● 考《かんが》えて　みよう

やさいの
花《はな》や　ねは
どんな　形《かたち》を
して　いるかな？

● 考《かんが》えて　みよう

ナスが　みを
まもる　ために
やって　いる
ことって　なに？

⇒ 119ページへ

考《かんが》えて　みよう
リスが
食《しょく》りょうを
たくわえて
いるのは　なぜ？
考《かんが》えて　みよう
いろいろな
形《かたち》を　した
ドングリが
あるのは　なぜ？
考《かんが》えて　みよう
いろいろな　色《いろ》の
バッタが
いるのは　なぜ？
⇒152ページへ

秋
あき

みのりの　秋《あき》。いきものたちは
冬《ふゆ》を　こす　じゅんびを
して　いるようです。

考《かんが》えて　みよう
どうして
テントウムシは
はの　うらに
いるのかな？
考《かんが》えて　みよう
夏《なつ》の　ページと
見《み》くらべて
みよう。
考《かんが》えて　みよう
カブトムシなどの
よう虫《ちゅう》が　土《つち》の
中《なか》で　すごすのは
なぜだろう？

冬
ふゆ

雪《ゆき》ふる、冬《ふゆ》。きびしい
さむさの　中《なか》で　いきものたちは
どう　すごして　いるのでしょうか。

考《かんが》えて　みよう
ホッキョクグマは
どこで
冬《とう》みんするの？
⇒ 46 ページへ
考《かんが》えて　みよう
冬《ふゆ》に　とれる
やさいは　いつ
たねまきを
したのかな？

なぜ？ どうして？
いきもののお話 2年生

もくじ

海《うみ》や 川《かわ》の いきもの

絵 町田ヒロチカ

森《もり》や 山《やま》の いきもの

絵 ヤブイヌ製作所

みのまわりの　どうぶつや　虫《むし》

絵　ノダタカヒロ

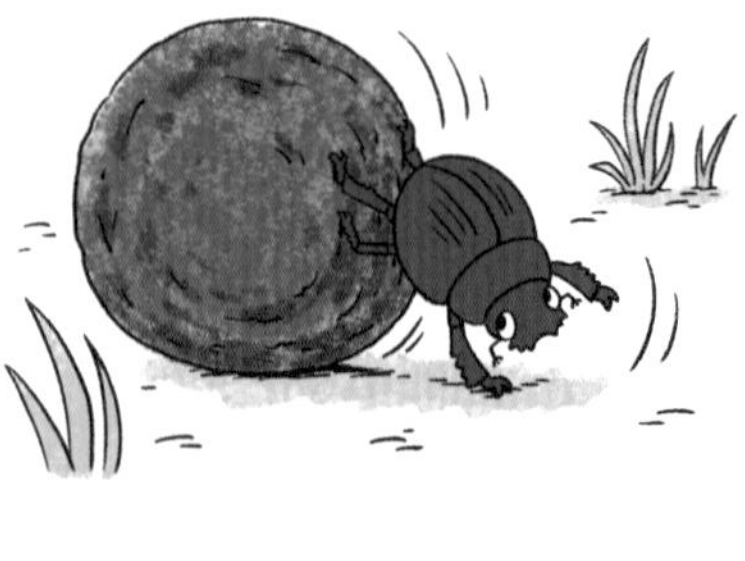

草《そう》原《げん》の　いきもの

文　こざきゆう（16～20ページ、24～35ページ）
鈴木一馬（21～23ページ、36～39ページ）
絵　さはらそのこ

ライオンの　オスは　かりを　しないの？

ライオンの　オスと　いえば、りっぱな　たてがみを
もち、まさに「百《ひゃく》じゅうの王《おう》」、すべての　けものの
中《なか》で　いちばん　強《つよ》いと　いう　イメージですね。
ところが、強《つよ》そうな　わりには、自分《じぶん》では、めったに
かりを　しません。

ほとんどの　場合《ばあい》、オスは
メスが　つかまえた　えものを
食《た》べて　いるのです。
ライオンは　ネコ科《か》の
中《なか》では　めずらしく、むれで
くらす　どうぶつです。
この　ライオンの　むれは
「プライド」と　いって、一頭《とう》の
オスと、数頭《すうとう》の　メスや
子《こ》どもから　なって　います。

オスは　メスよりも、大《おお》きく　力《ちから》も　強《つよ》いですが、
かりには　さんかしません。
かりは、プライドに　いる　数頭《すうとう》の　メスが
きょう力《りょく》して　行《おこな》うのです。
えものを　まちぶせて
おいかけたり、まわりを
とりかこんだり　して、みんなで
つかまえます。
しかし　かりは　むずかしく、
えものを　つかまえられるのは、

数回《すうかい》に 一回《かい》ほど。メスは
とても たいへんです。
では、そんな くろうを
メスに かけて いる 間《あいだ》、オスは
なにを して いるのでしょう。
メスに ごはんを 食《た》べさせて
もらって いるだけなのでしょうか。
いいえ、ちがいます。
オスにも ちゃんと、やるべき ことが あります。
家族《かぞく》の いる プライドに、しん入《にゅう》しゃが 入《はい》って

こないように　なわばりの
パトロールを　して　いるのです。
そして、てきが　あらわれたら、
プライドを　まもる　ために、
たたかいます。
また、大《おお》きな　えものを　ねらう
ときは　かりに　さんかする
ことも　あるようです。
はたらかざる　もの
食《く》うべからず、ですね。

角《つの》の ある シカは みんな オスなの？

角《つの》の ある シカと ない シカを 見《み》た ことは ありませんか？

ほとんどの シカの なかまは オスにだけ 角《つの》が あり、メスには 角《つの》が ありません。

でも 春《はる》の おわりから 夏《なつ》に かけては オスにも

角《つの》が　ないのです。
どうしてでしょうか。
多《おお》くの　シカの　角《つの》は　毎年《まいとし》　春《はる》に
なると　おちて　しまうのです。
その後《ご》、新《あたら》しい　角《つの》が　のびはじめ、
夏《なつ》には　できあがります。秋《あき》には　角《つの》の
ひょうめんが　はがれて　白《しろ》っぽく　なり、
冬《ふゆ》には　まっ白《しろ》に。そして　次《つぎ》の　春《はる》が
くると、また　角《つの》は　おちるのです。
おとなの　オスの　シカたちは　この

角《つの》を つかい、メスを めぐって あらそうのです。
ところで、シカの なかまでは トナカイだけが
メスにも 角《つの》が あります。角《つの》が
おちるのは、オスは 冬《ふゆ》の
はじめごろ、メスは よく年《ねん》の
春《はる》ごろです。
と いう ことは、冬《ふゆ》に
サンタクロースの そりを 引《ひ》く
トナカイで 角《つの》が あるのは
メスと いう ことに なりますね。

カンガルーは　後《うし》ろにも　ジャンプできるの？

力強《ちからづよ》い　後《うし》ろあしを　つかい、太《ふと》い　しっぽで
バランスを　とりながら　ぴょんぴょんと
ジャンプして　すすむ　カンガルー。
スピードも、とても　はやくて、大《おお》がたの
アカカンガルーなら、なんと、時速《じそく》七十キロメートルで

すすむ ことが できます。ふつうの 道《みち》で 自動車《じどうしゃ》が 出《だ》して よい さい高《こう》の そくどが 時速《じそく》六十キロメートルなので、そうとうな はやさです。

このように、高《たか》い ジャンプ力《りょく》を もつ カンガルーですが、前《まえ》へ すすむ ことしか できません。

後《うし》ろへ ジャンプ しようと しても、しっぽが じゃまに なり、できないのです。

じつは、いきものの　中《なか》には、同《おな》じように、後《うし》ろに
すすむ　ことが　できない　ものが　います。
カンガルーと　同《おな》じく、オーストラリアの　いきもので、
エミューと　いう　鳥《とり》も　また、前《まえ》にしか　すすめません。
そのため、オーストラリアでは「国《くに》が　いつも　前《まえ》へ
すすむように」と　いう　ねがいを　こめ、国《くに》の
シンボルマークには、カンガルーと　エミューが
えがかれて　います。

ダチョウは 鳥《とり》なのに なぜ とばないの？

鳥《とり》の 中《なか》で、もっとも 大《おお》きい ダチョウ。走《はし》るのも もっとも はやく、時速《じそく》五十キロメートルで 三十分《ぷん》も 走《はし》りつづける ことが でき、さいこうそくどは 時速《じそく》七十キロメートルにも なります。鳥《とり》と いえば、とぶのが あたりまえのように

思《おも》えますよね。
なのに、なぜ　ダチョウは
とばないのでしょう。
答《こた》えは、かんたん。
とべないからです。
もともと、ダチョウの
せんぞは、体《からだ》も　小《ちい》さく、
空《そら》を　とんで　いたようです。
ところが、同《おな》じ　時代《じだい》を　生《い》きた、恐竜《きょうりゅう》が、およそ
六千六百万年前《ねんまえ》に、ぜつめつして　しまいました。

そのため、ダチョウの　せんぞを　おそう　てきが
いなくなったのです。
その　けっか、食《た》べられないように、とんで、にげる
ひつようも　なくなりました。
てきが　ほとんど　いないので、
安心《あんしん》して　食《た》べものも
食《た》べられます。
やがて、とぶ　ための
つばさは、小《ちい》さく　なりました。
かわりに、地上《ちじょう》での　生活《せいかつ》に

べんりな、長《なが》く　力強《ちからづよ》い　あしを　もつように　なったと
考《かんが》えられて　います。

サイの 角《つの》は なにで できて いるの？

サイは、りくじょうで、ゾウの つぎに 大《おお》きな いきものです。

体《からだ》は、よろいのように あつい ひふに おおわれ、力強《ちからづよ》く 前《まえ》へ すすむ ことから 「生《い》きた 戦車《せんしゃ》」と よばれる ことも あります。

そんな　戦車《せんしゃ》のような　サイの
ぶきは、はな先《さき》から　にょきっと
のびた　太《ふと》い　角《つの》。
オスと　メス、どちらにも
あり、シロサイと　クロサイは
二本《ほん》、インドサイは　一本《ぽん》です。
この　角《つの》は、なかまとの
けんかや、てきと　たたかう
ときに　つかいます。
たのもしい　ぶきですが、

なにで できて いるのでしょう。
ほねでしょうか。それとも、
あつく なった ひふでしょうか。
いいえ、その 正体《しょうたい》は、
「ケラチン」と いう せいぶん。
わたしたちの かみの毛《け》や
つめと 同《おな》じ ものです。
つまり、毛《け》が たばに
なって、かたまったような
ものなのです。

ですから、もし　角《つの》が　おれて、なくなっても、また　生《は》えて　きます。一年間《ねんかん》に、およそ　七センチも　のびて、サイによっては、一メートル五十センチも　のびる　ことが　あるそうです。

近年《きんねん》では、この　角《つの》が　理由《りゆう》で、サイの　いのちが　きけんに　さらされて　います。

と　いうのも、サイの　角《つの》は　＊漢方薬《かんぽうやく》の　人気《にんき》の　ざいりょうです。サイの　角《つの》と　いう　めずらしさも

＊漢方薬《かんぽうやく》…しょくぶつや　どうぶつなどから　とれ、体《からだ》に　よいと　される　ものを　組《く》みあわせて　作《つく》られる　薬《くすり》。

あって、お金《かね》もちたちが
高《たか》く 買《か》う ため、サイは
ハンターに かられつづけて
しまったのです。
いまや、ぜつめつの
きけんが ある いきものに
していされて います。

どうして　ウマは　立《た》った　まま　ねむれるの？

どうぶつの　中《なか》には、立《た》った　まま　ねむる　ことが　できる　ものが　います。「えっ、そんな　しせいで、ねられるの。」と　思《おも》って　しまいますが、意外《いがい》に　多《おお》いのです。たとえば、ウマが　そうです。

ウマは、生《う》まれたての赤《あか》ちゃんの ときから、自分《じぶん》の力《ちから》で 立《た》ちあがり、歩《ある》く ことができます。

ウマの あしは ヒトとちがって、力《ちから》を 入《い》れなくてもまっすぐに なる ため、かんせつに ふたんが かからず、ほとんど つかれません。

しかも、ねむって いる ときに、体《からだ》の バランスを

とる　しんけいが　はたらくので、
うとうとして　たおれる　ことも
ありません。
　ウマが　立《た》った　まま
ねむれる　理由《りゆう》は　大《おお》きく
二《ふた》つ　あります。
　まず、ウマは　おもに　草《くさ》を
食《た》べますが、しょうかするのに
時間《じかん》が　かかります。
　そのとき、よこに　なると

ガスが たまって くるしく なって しまうのです。
もう 一《ひと》つは、オオカミなどの 肉食《にくしょく》どうぶつに、
いつ おそわれても にげられるように する ため。
これは、野生《やせい》の ころの なごりです。
このように ウマは 自分《じぶん》の みを まもる ため、
立《た》って ねむれるような 体《からだ》の つくりに なって
いるのですね。
ただ、ウマは よこたわって ねむらない わけでは
ありません。あんぜんな 場所《ばしょ》では よこに なり、
しっかりと ねむる ことも あるようです。

いきもの タタ《た》様《よう》性《せい》

いきものの 子《こ》そだて

文 鈴木一馬 絵 柴田真央

カンガルーは、 メスの おなかに
子《こ》どもを そだてる ふくろが ある
*ほにゅうるいです。 生《う》まれたばかりの
赤《あか》ちゃんは 二センチメートル、 おもさは
一グラムくらいしか ありません。 それでも

＊ほにゅうるい…赤《あか》ちゃんを 母親《ははおや》の ちちで そだてる どうぶつ。

お母《かあ》さんの　体《からだ》を　よじのぼって、自分《じぶん》で
ふくろに　入《はい》ります。
そして、六か月《げつ》　くらい　たつと、
ふくろから　顔《かお》を　出《だ》すように　なるのです。
カンガルーの　赤《あか》ちゃんは　とても
小《ちい》さくて、いつ　生《う》まれたのか　わからない
ことが　多《おお》いので、どうぶつ園《えん》では
ふくろから　顔《かお》を　出《だ》した　日《ひ》を　その
子《こ》の　たん生日《じょうび》に　して　います。
子《こ》そだてを　する　魚《さかな》も　います。

タツノオトシゴは　オスの　おなかに
子《こ》どもを　そだてる　ふくろが　あります。
その　ふくろの　中《なか》に　メスが　たまごを
うむのです。
子《こ》どもは　たまごから　かえっても
しばらくは　オスの　ふくろの　中《なか》で
そだち、やがて　オスの　おなかから
出《で》て　きます。その　ようすは、まるで
オスが　子《こ》どもを　うむようです。
南《みなみ》アメリカの　アマゾンに　すむ

コモリガエルの　なかまは、せなかが
たいらで　うすい　体《からだ》を　して　います。
メスが　たまごを　うむと、オスは
その　たまごを　メスの　せなかに
おしつけます。メスの　せなかに　くっついた
たまごは　数《すう》十こ。時間《じかん》が　たつと
たまごは　せなかの　肉《にく》の　間《あいだ》に
うもれ、おちなく　なります。
　こうして　メスの　コモリガエルは
たまごが　かえるまで　せなかで

まもるのです。
タツノオトシゴや　コモリガエルと
ちがい、多《おお》くの　魚《ぎょ》るいや　両生《りょうせい》るい、
こん虫《ちゅう》は　たまごを　まもったり
子《こ》どもを　そだてたりは　しません。
その　かわり　たくさん　たまごを
うみます。

　このように、いきものは　さまざまな
やり方《かた》で、いのちが　つながるように
して　いるのですね。

海《うみ》や川《かわ》のいきもの

文　鈴木一馬
絵　町田ヒロチカ

こおりだらけの　北《ほっ》きょくで
ホッキョクグマは　どこで
冬《とう》みんするの？

冬《ふゆ》は　いきものに　とって、食《た》べものも
少《すく》なくなり、行動《こうどう》しにくく　なる　きせつです。
そこで　いきものに　よっては　ほとんど　うごかず、
ねむるように　すごす　ものも　います。その　間《あいだ》は
食《た》べものを　とらない　ものも　多《おお》く、体《からだ》に

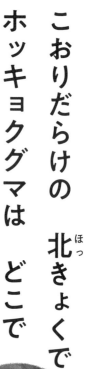

たくわえた えいよう分《ぶん》で すごします。

これが 冬《とう》みんです。日本に すむ クマは、冬《ふゆ》には食《た》べものが 少《すく》なく なるので、木《き》の あなや 岩《いわ》あなに こもって冬《とう》みんを します。

ホッキョクグマは、体《からだ》が 二メートルいじょうになる、もっとも 大《おお》きな クマの 一《ひと》つです。日本よりも さむく、一年中《ねんじゅう》 気温《きおん》が れいどいかの北《ほっ》きょくに すんで います。

体《からだ》には　ぶあつい　しぼうが　あり、ひょうめんには
たくさんの　毛《け》が　生《は》えて　いて、さむさに
たえられるように　なって　います。そして　ほとんど
冬《とう》みんは　しないのです。
なぜだと　思《おも》いますか。
ホッキョクグマが、一年《ねん》の　ほとんどを　すごす
こおりの　下《した》、つまり　海《うみ》の　中《なか》には、冬《ふゆ》でも
アザラシや　魚《さかな》などの　えものが　います。
つまり、一年中《ねんじゅう》　食《た》べものには　こまらないのです。
だから　冬《とう》みんしなくても　だいじょうぶなんですね。

シャチは　どのように　かりを　するの？

クジラの　なかまである　シャチは、むれで　くらし、きょう力《りょく》して　かりを　します。

シャチは　とても　かしこく、えものに　合《あ》わせて　かりの　しかたを　かえる　ことで　知《し》られて　います。

たとえば、こおりの　上《うえ》に　いる　アザラシなどを

おそう とき、シャチは むれで こおりの 下《した》を およいで なみを おこします。その なみで えものが こおりから おちた ところを おそうのです。

ニシンのように 大《おお》きな むれで 行動《こうどう》する 魚《さかな》を おそう ときは どうでしょう。

まず、ニシンの むれを 自分《じぶん》たちで コントロールできる くらいの 大《おお》きさに 分《わ》かれさせます。つぎに 小《ちい》さく なった むれを

とりかこみ、口《くち》から　いきを
あわのように　はきだしたり、
下《した》を　およいで　おどかしたり
します。そして、ニシンたちが
にげ場《ば》を　うしなって　海面《かいめん》に
うかびあがった　ところを
おそうのです。
　さらに、自分《じぶん》たちよりも　体《からだ》の
大《おお》きな　クジラを　おそう　ことも
あります。その　場合《ばあい》は、クジラの

一頭《とう》を むれから 引《ひ》きはなし、とりかこんで 弱《よわ》らせた あとに おそいます。

このように シャチは 頭《あたま》の いい いきものです。

そのため 水族館《すいぞくかん》では ショーなどで 活《かつ》やくして いる シャチも います。

海《うみ》に　もぐるのが　とくいな　鳥《とり》って？

水《みず》の　中《なか》に　もぐって　魚《さかな》などを　とる　鳥《とり》は　たくさん　います。カワセミや　ペリカンなどです。でも、もぐるのが　いちばん　うまい　鳥《とり》は　ペンギンの　なかまでしょう。

ペンギンは　空《そら》を　とぶことは　できませんが、

海《うみ》の　中《なか》を　とぶように
自由《じゆう》に　およぎまわります。
そして　魚《さかな》や　イカなどを
つかまえて　食《た》べます。
海面《かいめん》から　とびだして
ジャンプするように　およぐ
ことも　あります。
およぐ　はやさは　さいこうで
時速《じそく》三十キロメートルいじょうに
なります。

南《なん》きょくに　すんで　いる
コウテイペンギンは、いちばん
大《おお》きな　ペンギンです。
およぐのも　うまく、ふかさは
五百メートルいじょう、時間《じかん》は
二十分《ぶん》いじょう　もぐる
ことが　できます。
じつは　ペンギンは　海《うみ》で　くらしやすいように
体《からだ》が　はったつ　して　いるのです。
ペンギンの　あしの　ほねは　ひざを　まげたような

形《かたち》に　なって　いるので　みじかく
見《み》えますが、ほんとうは　長《なが》く、どう体《たい》の
中《なか》に　かくれて　いるのです。
あしが　長《なが》いと　およぐ　ときに
じゃまに　なる　ようです。
ひざを　まげたような
形《かたち》を　した　ペンギンの　体《からだ》は
うまく　およげるように　なって　いるのですね。
ちなみに　コウテイペンギンが　歩《ある》く　すがたは
よたよたして　いて、あまり　歩《ある》くのが

とくいそうには　見《み》えませんよね。
でも　子《こ》そだての　ときは　百キロメートルいじょうの
きょりを　歩《ある》くことが　知《し》られて　います。

カピバラって のんびりして 見《み》えるけれど 走《はし》る ことも あるの？

カピバラは せかいで いちばん 大《おお》きな ネズミの なかまです。どうぶつ園《えん》などでは ひなたぼっこを して いたり あたたかい おふろに 入《はい》って いたり、のんびりした イメージが ありませんか。

でも 野生《やせい》の カピバラは、きけんな アマゾンで

くらして　います。りくには　ジャガー、川《かわ》には
ワニなど、アマゾンには　おそろしい　てきが　たくさん。

そのため　じっさいは　とても　すばしこく　動《うご》く
ことが　できるのです。

カピバラは　むれで　くらして　いて、てきを
見《み》つけると　鳴《な》いて　なかまに　知《し》らせます。

なかまから　知《し》らせが　くると、
カピバラたちは　りくを
時速《じそく》五十キロメートルの
スピードで　走《はし》り、さらに　川《かわ》に

にげこみ、すごい はやさで
およぐのです。
カピバラの あしには 水《みず》かきも
あり、水中《すいちゅう》に 五分《ふん》くらいは
もぐって いられます。
どうぶつ園《えん》など あんぜんな
ところでは のんびりして いる
カピバラですが、じつは すごい
のう力《りょく》を もって いるのですね。

なぜ　深海《しんかい》には　光《ひか》る　いきものが　いるの？

海面《かいめん》から　二百メートルよりも　ふかい　海《うみ》を　深海《しんかい》と　いいます。そこには　かわった　形《かたち》を　した　いきものが　多《おお》く　すんで　います。

深海《しんかい》に　すむ　いきものの　とくちょうは、形《かたち》だけでは　ありません。光《ひか》る　いきものが　多《おお》いのです。

たとえば、チョウチンアンコウは頭《あたま》の 上《うえ》に ある 細長《ほそなが》い つりざおのような ものの 先《さき》が光《ひか》ります。これは 小《ちい》さな 魚《さかな》やエビなどを おびきよせ、近《ちか》づいてきた ところを 食《た》べる ためです。

ちなみに この 光《ひかり》は チョウチンアンコウ自身《じしん》が 光《ひか》っている わけ では ありません。

つりざおのような ものの 先《さき》に 小《ちい》さな いきものが

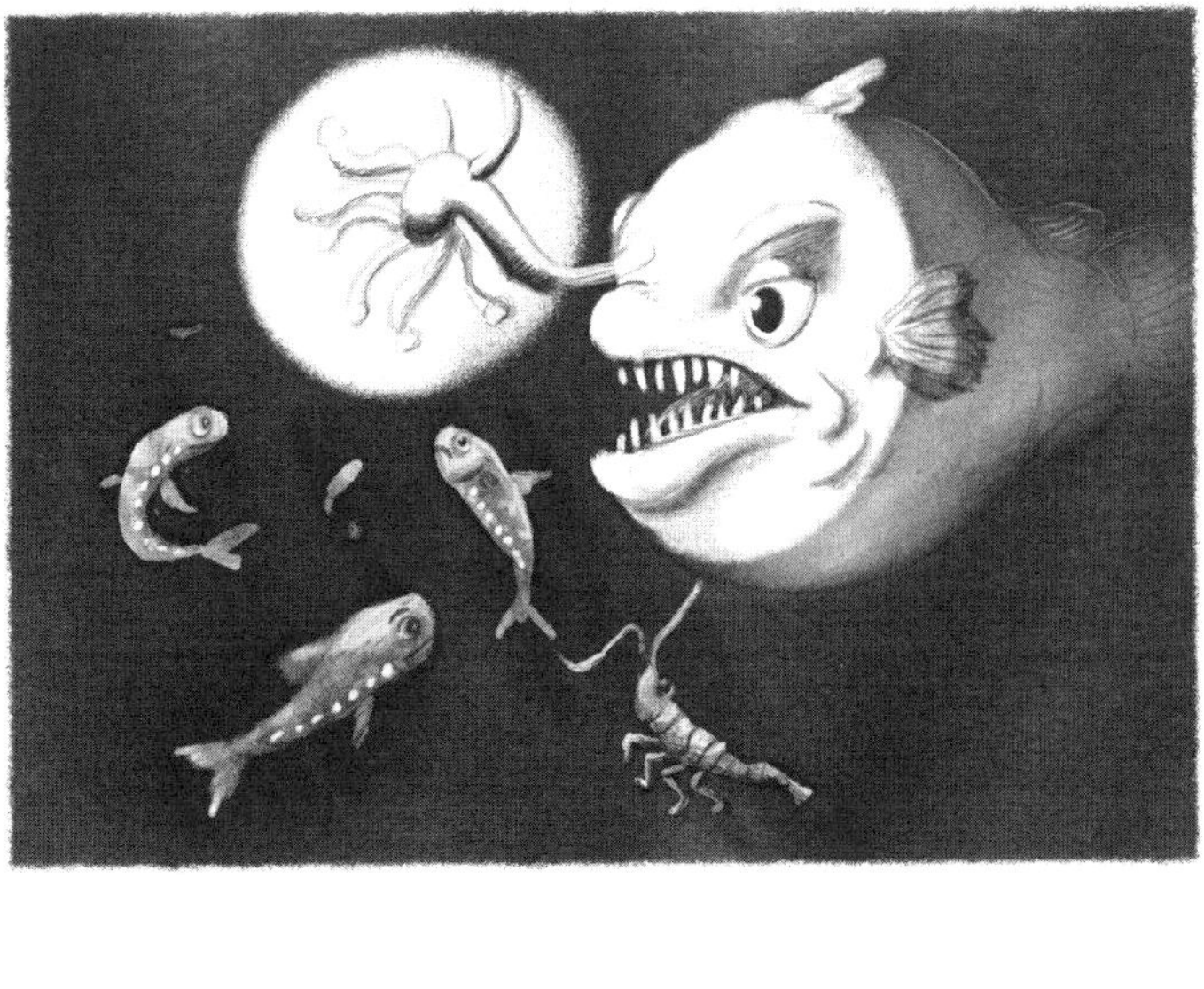

すみついて、その　いきものが　光《ひか》って　いるのです。
また、深海《しんかい》には　ハダカイワシなど、おなかが　光《ひか》る
いきものも　います。
光《ひかり》が　あまり　とどかない　深海《しんかい》では　てきに
見《み》つかりやすいようにも　思《おも》えますね。
これらの　いきものが　光《ひか》るのは　体《からだ》の　下《した》がわと
いうのが　ポイントです。
海中《かいちゅう》では　光《ひかり》は　上《うえ》から　とどきます。だから
下《した》から　見《み》ると、いきものの　すがたが　かげに
なって　見《み》つかりやすく　なるのです。

でも、体《からだ》の 下《した》が 光《ひか》ると かげが できにくくなって てきにも 見《み》つかりにくいと いう わけです。

光《ひか》る ことで 深海《しんかい》で 生《い》きぬく いきものたち。

くふうする すがたは まさに 光《ひか》りかがやいて いますね。

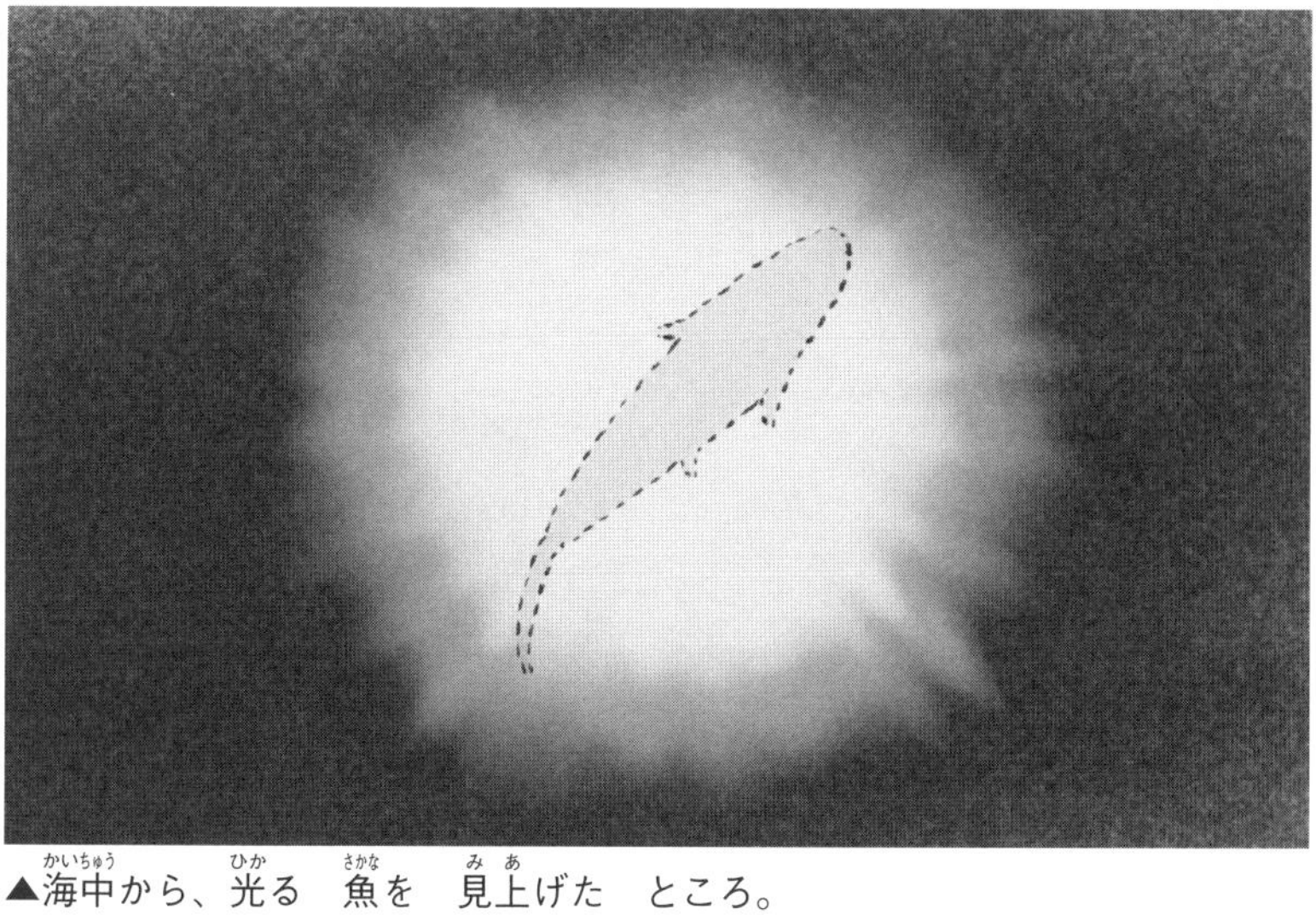

▲海中《かいちゅう》から、光《ひか》る 魚《さかな》を 見上《みあ》げた ところ。

トビウオは　どのくらいの　きょり　空中《くうちゅう》を　とべるの？

トビウオは　その　名《な》の　とおり、空中《くうちゅう》を　とぶ魚《さかな》です。むなびれが　とても　大《おお》きく、グライダーのつばさのような　やくわりを　します。

マグロなどの　大《おお》きな　魚《さかな》に　おいかけられた　とき、トビウオは　海中《かいちゅう》を　ぜんそく力《りょく》で　およいで、空中《くうちゅう》に

とびだします。そして　むなびれを
広《ひろ》げて　とぶのです。
その　きょりは、
百メートルいじょうと
されますが、うまく　いけば
四百メートルほど　とぶ　ことも
あります。
また、アカイカや　トビイカも、
てきから　にげる　とき　トビウオと
同《おな》じく　空中《くうちゅう》を　とびます。

イカは　海中《かいちゅう》で　いどうする　とき、つつのような
「ろうと」から　水《みず》を　いきおいよく　ふきだします。
この　いきおいで　空中《くうちゅう》に　とびだし、ひれと
うで（あし）を　広《ひろ》げて　とぶのです。
ただし、空中《くうちゅう》に　とびだせば
安心《あんしん》と　いう　わけでも
ありません。鳥《とり》などに
つかまえられる　ことも
あるようです。
しぜんは　きびしいですね。

ザリガニは なんでも 食《た》べるって ほんとう？

アメリカザリガニは エビの なかまで、体《からだ》は 赤《あか》く、大《おお》きな はさみを もって います。今《いま》は どこでも 見《み》かけますが、もともと 日本に すんで いた わけでは ありません。やく 百年前《ねんまえ》に アメリカから やって きました。

アメリカザリガニは　水《みず》が　少《すこ》し
よごれて　いても　平気《へいき》な　ため、
たんぼや　池《いけ》、用水路《ようすいろ》など
あらゆる　場所《ばしょ》に　すみつきます。
そして、小《ちい》さな　魚《さかな》や　虫《むし》、
おたまじゃくし、水草《みずくさ》……、
なんでも　食《た》べて　しまいます。
おかげで、アメリカザリガニの
数《かず》は　どんどん　ふえました。
すると、はんたいに　もともと　日本に　いた

いきものや しょくぶつは すみかを うばわれ、数《かず》が へって しまったのです。
いまでは アメリカザリガニは「条件付《じょうけんつ》き特定外来生物《とくていがいらいせいぶつ》」に していされ、つかまえて かう ことは できますが、しぜんに もどす ことは きんしされて います。
いきものは さいごまで せきにんを もって かうように しましょう。

いきもの
多《た》様《よう》性《せい》

いきものの　みの　まもり方《かた》

文　鈴木一馬　絵　柴田真央

いきものには　自分《じぶん》の　みを　まもる
ために　とくべつな　体《からだ》の　仕組《しく》みを
もって　いる　ものが　います。
ダンゴムシの　てきは　アリや
カエルなどです。ダンゴムシは

つつかれたり　しげきを　うけたり
すると、かたい　せなかを　外《そと》がわに
して　丸《まる》く　なります。こうして
やわらかい　おなかを　まもるのですね。
丸《まる》く　なると　アリも　手《て》を　出《だ》せません。
カエルも　小石《こいし》と　思《おも》うのか、口《くち》に
入《い》れても　はきだす　ことが　あるようです。
サバンナなどに　すみ、体《からだ》を　うろこで
おおわれた　センザンコウや　一部《いちぶ》の
アルマジロも　丸《まる》く　なって　みを

まもります。どちらも
三十から　六十センチメートルくらいの
ほにゅうるいで、せなかがわが　かたく、
丸《まる》く　なると　ボールのようです。
　センザンコウは　ライオンに　おそわれる
ことも　ある　ようですが、うまく
丸《まる》く　なると　ライオンの　きばや　つめも
はねのけます。
　海《うみ》に　すむ　フグは、てきに　おそわれると
体《からだ》を　ふくらませます。フグの　体《からだ》の

中《なか》には　水《みず》を　ためる　ふくろが　あって、
きけんを　かんじると　その　ふくろに
たくさんの　水《みず》を　すいこみます。
自分《じぶん》の　おもさの　七ばいいじょうの
水《みず》を　すいこむ　ものも　いて、
ボールのような　すがたに　なります。
さらに、体全体《からだぜんたい》に　とげが　ある
フグも　います。ハリセンボンです。
ハリセンボンは　ふくらむと
とげとげの　ボールのようです。

とげで　みを　まもる　いきものは
りくじょうにも　います。
ハリネズミや　ヤマアラシです。
ヤマアラシの　とげは　かたく、
長《なが》ぐつなどは　つきぬけて　しまいます。
ヤマアラシは　とげを　さかだてて
後《うし》ろむきに　とっしんする　ことも
あります。
ライオンも　ヤマアラシには
あまり　手《て》を　出《だ》さないようです。

森《もり》や 山《やま》の いきもの

文　入澤宣幸（83～94ページ）
こざきゆう（78～82ページ、95～101ページ）
絵　ヤブイヌ製作所

なぜ　パンダは　うまく　ササを　もてるの？

まるで　ぬいぐるみのような　見《み》た目《め》の　パンダは、せかい中《じゅう》で　人気《にんき》の　いきものです。ササや　タケを　のんびり　食《た》べる　すがたが　かわいらしいですよね。でも、あの　グローブのような　前《まえ》あしで、どうやって　ササや　タケを　もって　いるのでしょうか。

まず、パンダの　前《まえ》あしには、
ゆびが　五本《ほん》　ならんで　います。
なんと　その　少《すこ》し　下《した》に、
ヒトの　親《おや》ゆびのような
やくわりを　もつ、「だい六の
ゆび」が　あるのです。
これは、手首《てくび》の　親《おや》ゆびがわに
ある　「しゅしこつ」と　いう
ほねが　はったつした　もの。
こぶのような　出《で》っぱりに

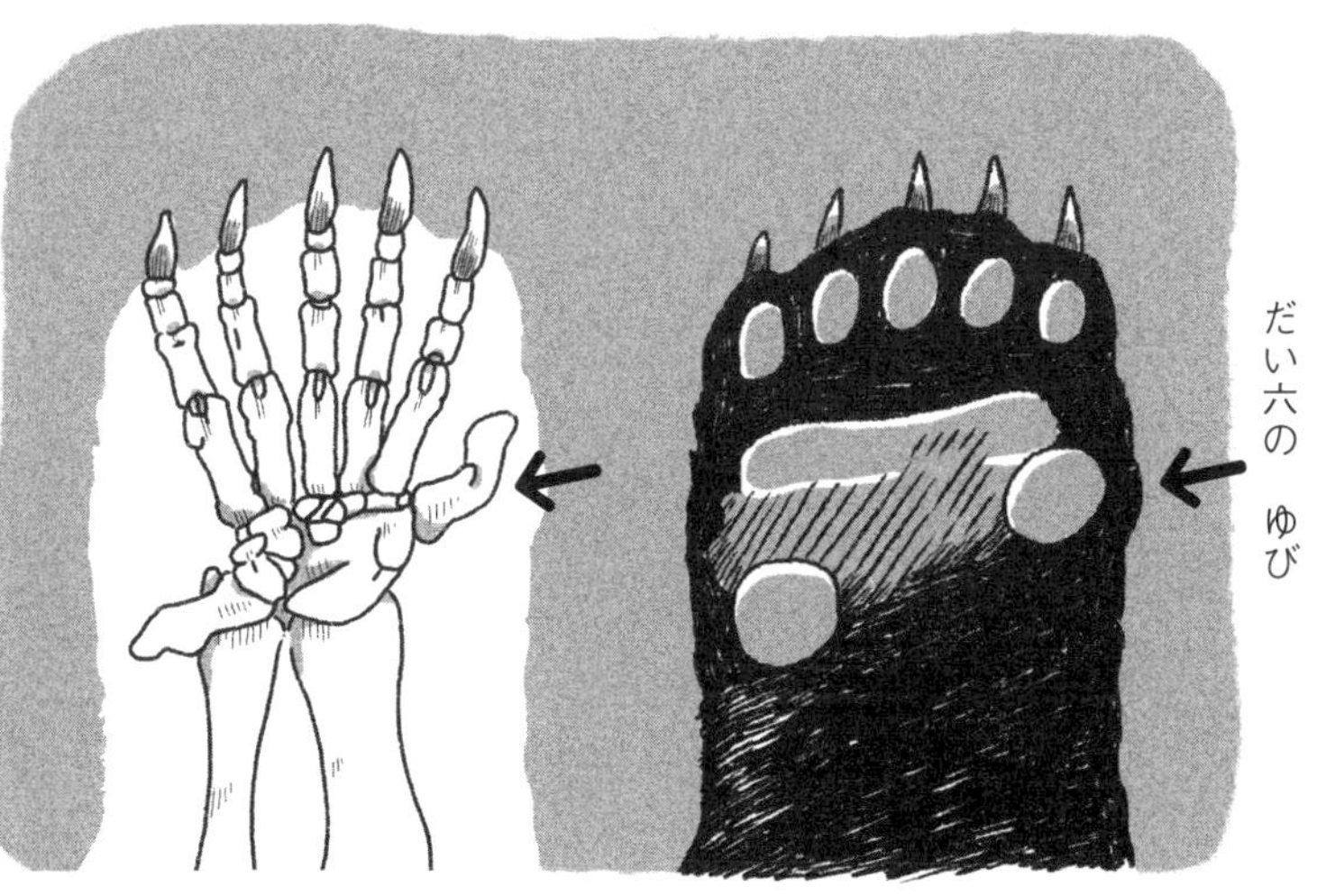

なって　いますね。
だい六の　ゆびは　本物《ほんもの》の　ゆびのように、ふくざつに
うごかす　ことは　できません。でも、これが　ある
おかげで、パンダは　タケや　ササを　きように　つかむ
ことが　できるのです。
いまから　六百から　七百万年前《ねんまえ》に　生《い》きて　いたと
される　パンダの　せんぞにも　この　「だい六の
ゆび」が　見《み》つかって　います。
同《おな》じく　タケを　食《た》べる　レッサーパンダにも
「だい六の　ゆび」が　あるんですよ。

ところで、ヒトや、チンパンジーの　手《て》は、
五本《ほん》ゆびですよね。イヌも　ネコも、五本《ほん》ゆび。
ほにゅうるいは　五本《ほん》ゆびが　きほんです。
しかし、もともとは　五本《ほん》ゆびでしたが　くらし方《かた》に
よって、ゆびの　数《かず》が　へった　どうぶつも　います。
たとえば、ウマは　中《なか》ゆびだけ。
つまり、一本《ぽん》の　ゆびで　立《た》って　いるのです。
これは　より　はやく　走《はし》る　ために、ほかの
ゆびが　うしなわれて　いったと　考《かんが》えられて　います。

かむ 力《ちから》が ライオンより 強《つよ》い いきものって？

百《ひゃく》じゅうの 王《おう》と よばれる ライオンは、ネコの なかまです。かむ 力《ちから》が たいへん 強《つよ》く、えものの のどに かみついて、一《いち》げきで たおします。

しかし、ネコの なかまには、ライオンよりも さらに かむ 力《ちから》の 強《つよ》い どうぶつが います。

ジャガーです。

ジャガーは、体《からだ》は　ライオンより小《ちい》さいのですが、顔《かお》が　大《おお》きく、あごの　きん肉《にく》が　とてもはったつして　います。

ジャガーは、南《みなみ》アメリカのジャングルに　すんで　います。そこには　ワニも　います。さすがのジャガーも、大《おお》がたの　ワニのかむ　力《ちから》には　かないません。

でも、そこそこの 大《おお》きさの ワニになら、たたかいを いどみます。

ジャガーは、ワニに 気《き》づかれないよう そっと しのびよります。

ワニは はらばいに なって いるので、ワニの のどに かみつく ことは できません。

そこで ジャガーは、上《うえ》から とびかかり、ワニの 頭《あたま》や 首《くび》に、

かじりつくのです。
ジャガーの　強《つよ》い　あごと　きばは、ワニの　あつい
ひふを　つらぬき、ほねまで　くだきます。
ジャガーが　カメの　こうらさえも　かみくだいて
いるのを　見《み》たと　いう　人《ひと》も　いるようです。
げん地《ち》の　人《ひと》は、もともと　ジャガーを　ヤガーと
よんで　いました。ヤガーとは、「一《ひと》つきで　ころす
もの」と　いう　いみだそうですよ。

つばさの ない どうぶつも 空《そら》を とべるの?

リスの なかまに ムササビと いう どうぶつが います。体《からだ》の とくちょうは、つばさが なく あしと しっぽの 間《あいだ》に まくが あること。この まくを 広《ひろ》げて、グライダーのように とぶのです。

ムササビは　森《もり》に　すんでいて、木《き》の　みきに　空《あ》いたあななどに　すを　作《つく》ります。
夜《よる》に　なると　木《き》の　みやはなどを　さがしに　すから出《で》て　きて、木《き》の　上《うえ》の　ほうから　ジャンプ！
べつの　木《き》に　とびうつります。
とぶ　きょりは　二十から三十メートルほどで、風《かぜ》に

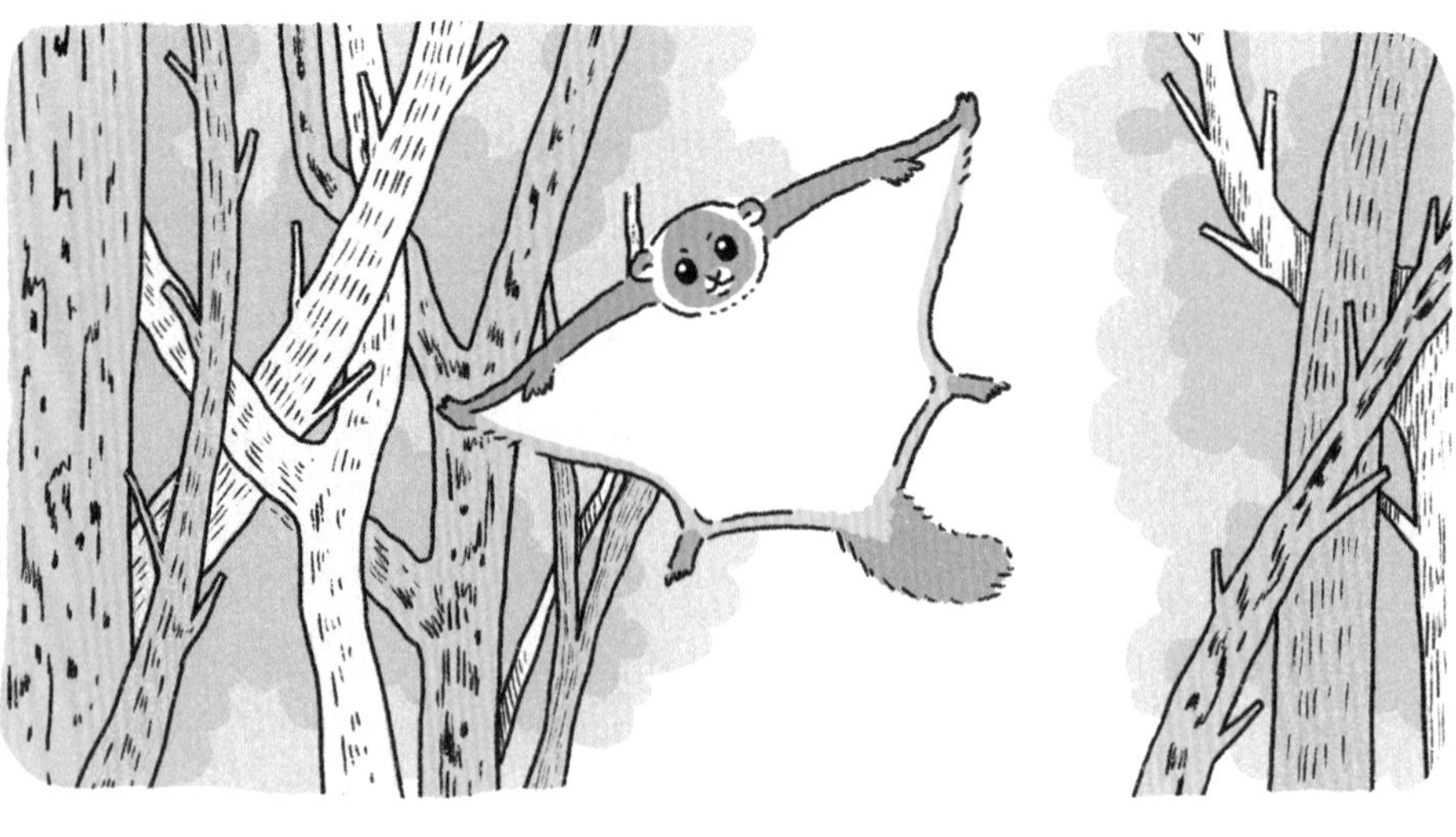

のると　百メートルくらい　とぶ　ことも　あります。

また、日本には　ムササビに　よく　にた　モモンガと　いう　どうぶつも　います。

モモンガは　ムササビより　小《ちい》さな　リスの　なかまで、あしと　あしの　間《あいだ》にだけ　まくが　あります。

外国《がいこく》には　ほかにも　空《そら》を　とぶ　どうぶつが　まだまだ　たくさん　いるようです。

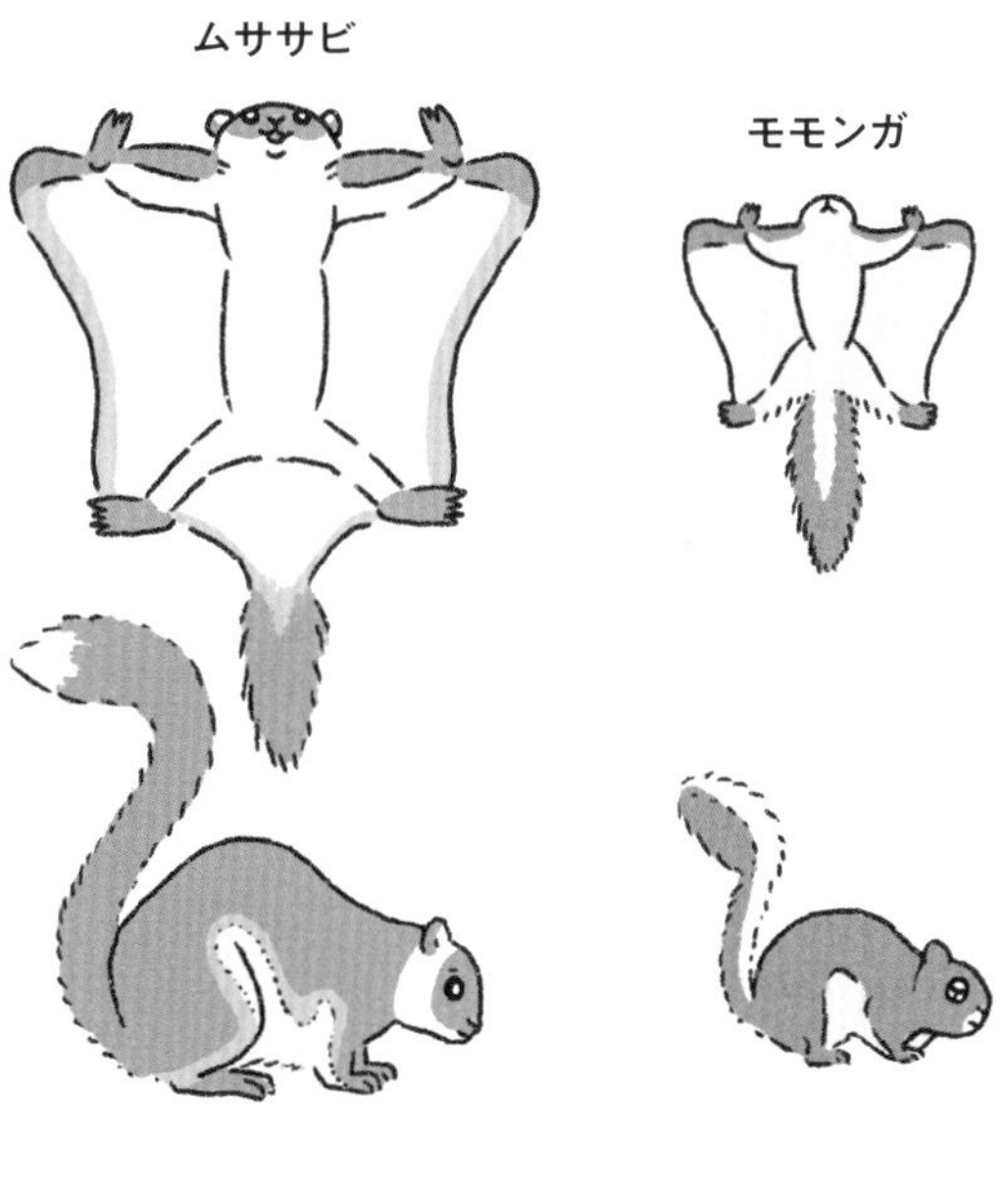

道具《どうぐ》を　つかう　サルが　いるって　ほんとう？

わたしたち　ヒトは　道具《どうぐ》を　つかえますね。手《て》を　きように　うごかして、字《じ》や　絵《え》を　かいたり、ものを　作《つく》ったり　します。

ところが　さいきんに　なって、サルも　道具《どうぐ》を　つかう　ことが　わかりました。

二〇〇四年《ねん》、南《みなみ》アメリカに すむ フサオマキザルの生活《せいかつ》が、動画《どうが》に とられたのです。
この 動画《どうが》では、フサオマキザルが、大《おお》きな石《いし》を つかんで、かたいヤシの みに うちつけていました。
そして ヤシの みをわり、中身《なかみ》を食《た》べたのです。

なかまたちも　まねて　同《おな》じように　やって　います。
ときどき、石《いし》の　ほうが　われる　ことも　あります。
そんな　ときは、たいらに　われた　石《いし》を、台《だい》と　して
つかうなどの　くふうまで　して　いるのです。
これまでも、チンパンジーや　ゴリラなど、
るい人《じん》えんと　よばれる　なかまが　道具《どうぐ》を　つかう
ことは　知《し》られて　いました。しかし　サルも　道具《どうぐ》を
つかったと　いう　ことで、たいへん　おどろかれました。
宮崎県《みやざきけん》の　幸島《こうじま》に　すむ　ニホンザルの　むれは、
イモを　海水《かいすい》で　あらって　食《た》べる　ことで　知《し》られて

います。
しおあじも ついて、
おいしい ためか、子《こ》どもから
まごへと つたわり、この
むれでは、みな やるように
なりました。
サルは こうき心《しん》が
おうせいで、まわりの サルの
まねを したり 学《まな》んだり
します。

そのため　たとえ　道具《どうぐ》を　くふうする　ちのうが
なくても、たまたま　見《み》つけた　アイデアを、みんなで
まねする　ことが　できるのです。
いつか　わたしたちが
おどろくような、すごい
ことの　できる　サルの
むれが　たん生《じょう》すると
おもしろいですね。

なぜ フクロウは ま後《うし》ろまで 首《くび》を 回《まわ》せるの？

わたしたち ヒトの 首《くび》は、まよこから ななめ後《うし》ろくらいまでしか うごかせませんよね。でも、フクロウは 左右《さゆう》どちらへも、ま後《うし》ろよりも さらに 回《まわ》す ことが できます。

じつは フクロウを はじめ、鳥《とり》の なかまは 首《くび》の

ほねの　数《かず》が、ほかの　どうぶつよりも　多《おお》いのです。
ヒトや　キリンなど　ほにゅうるいの　首《くび》の　ほねの
数《かず》は　七つ。
でも、フクロウは　首《くび》の
ほねが　十四こも　あります。
数《かず》が　多《おお》くて、ほねと
ほねの　つなぎ目《め》が　ゆるい
ため、たくさん　ひねる
ことが　できるのです。
これは　目《め》の　いちとも

かんけいが　あります。フクロウの　目《め》は、ほかの
鳥《とり》と　ちがって　正面《しょうめん》に　ついて　います。
そのため　立体《りったい》てきに　ものを　見《み》る
ことが　でき、えものの　ようすを
せいかくに　とらえられるのです。
しかし、ほかの　鳥《とり》に　くらべて
見《み》える　はんいは　せまく　なりますよね。
そこで　フクロウは　えものを　さがす
ため、首《くび》を　ぐるりと　うごかして
まわりを　よく　見《み》わたして　いるのです。

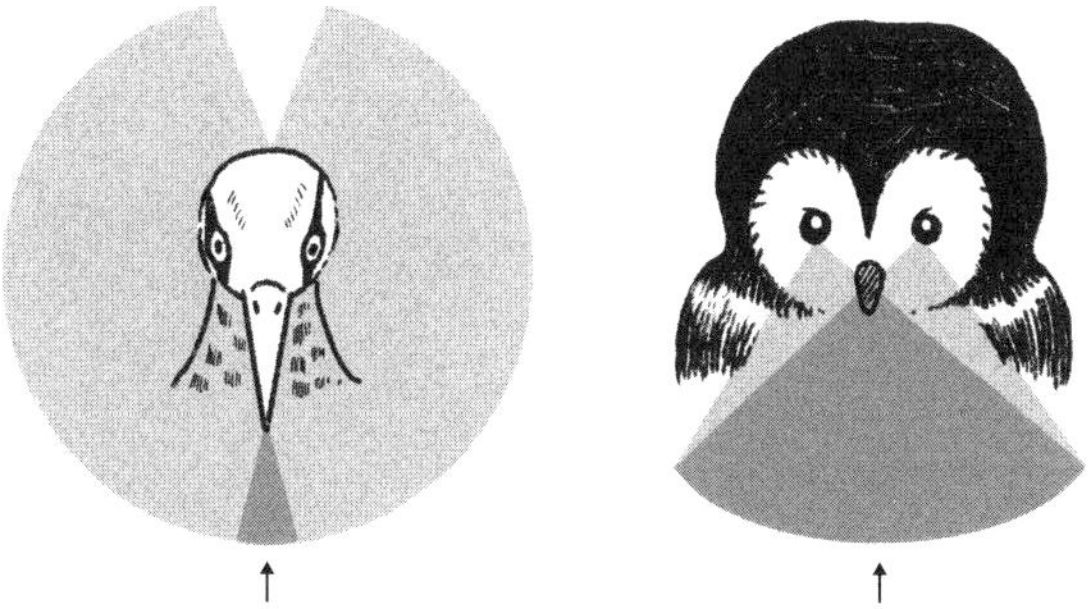

↑両目《りょうめ》を　つかって　見《み》える　はんい↑

自分《じぶん》で 子《こ》そだてを しない 鳥《とり》が いるの？

多《おお》くの 鳥《とり》は、たまごを うんで あたため、ひな鳥《どり》に 食《た》べものを あたえて 子《こ》そだてを します。
ところが、カッコウや その なかまは 自分《じぶん》で 子《こ》そだてを しません。
うんだ たまごを、ほかの 鳥《とり》に そだてさせる、

「たくらん」を　行《おこな》うのです。
たまごを　うむ　時期《じき》に　なると、
カッコウは、ほかの　鳥《とり》が　すを
はなれた　すきを　ねらって、
その　すに　入《はい》りこみ、自分《じぶん》の
たまごを　一《ひと》つ　うみます。
そして　かわりに　すの　中《なか》の
たまごを　一《ひと》つ　外《そと》へ　おとし、
同《おな》じ　数《かず》に　して　おきます。
こう　して　とりかえて　おけば、

すに　もどって　きた　親鳥《おやどり》が、
気《き》づかない　まま、自分《じぶん》の　たまごと
いっしょに　カッコウの　たまごも
あたためて　くれると　いう　わけです。
この　親鳥《おやどり》の　ことを、「かり親《おや》」と
いいます。
カッコウは　どうして　たくらんを　するのでしょう。
一《ひと》つの　せつと　して、たまごを　あたためる　力《ちから》が
あまり　ないからでは　ないかと　いわれて　います。
カッコウの　親鳥《おやどり》は、子《こ》そだては　かり親《おや》に

まかせきりに して いるものの、ひな鳥《どり》の 近《ちか》くには いて、しょっちゅう 鳴《な》き声《ごえ》を かけて いると いいます。ちゃっかりして いるようにも 見《み》えますが、それが カッコウりゅうの 子《こ》そだてなのです。

いきもの タ《た》タ様《よう》性《せい》

すごい　場所《ばしょ》に　すむ　いきもの

文　鈴木一馬　絵　柴田真央

いきものには　人間《にんげん》が　すめないような
ところに　すんで　いる　ものも　います。
きびしい　かんきょうに
たえられるような　体《からだ》を　して　いて、
てきは　少《すく》ないと　いえます。

さばくは、水《みず》が　少《すく》ない　うえ、昼間《ひるま》は
あつく、夜《よる》は　さむい　など、とても
すみにくい　ところですが、ここにも
すんで　いる　いきものが　います。
オーストラリアの　さばくに　すむ
モロクトカゲは　ぜんしんに　とげが
あり、ひふには　細《こま》かい　みぞが　あみの
目《め》のように　はりめぐらされて　います。
空気中《くうきちゅう》の　水分《すいぶん》が　体《からだ》に　つくと
水《すい》てきに　なり、その　みぞを　つたって

口《くち》に　はこばれるように　なって　いるのです。

同《おな》じく　オーストラリアに　すむ　ミズタメガエルは、雨《あめ》が　ふる　きせつに　なると　体《からだ》に　たくさんの　水《みず》を　ためこみます。そして　つぎの　雨《あめ》の　きせつまで　すなの　下《した》に　もぐって　すごすのです。

アフリカの　さばくに　生《は》える　キソウテンガイは、はを　のばしつづける　しょくぶつで、はの　長《なが》さが　五メートルに

なる　ものも　います。
じゅみょうが　長《なが》く、千年《ねん》いじょう
生《い》きると　いわれて　います。
その　キソウテンガイが　さばくで
生《い》きて　いける　ひみつは　ねに
あります。長《なが》い　もので　十メートルにも
なり、地下《ちか》の　水《みず》を　すいあげて　いるのです。
かんそうした　さばくに　すむ
いきものは　少《すく》ない　水《みず》を　とりこむ
仕組《しく》みが　あるのですね。

一方《いっぽう》、つめたい　海《うみ》で　くらす
ラッコや　ホッキョクグマは　ぜんしんが
たくさんの　毛《け》で　おおわれて　います。
毛《け》の　間《あいだ》に　空気《くうき》を　ためる　ことが
できるので、さむさにも　たえられるのです。
南《なん》きょくでは　みじかい　夏《なつ》の　間《あいだ》に、
花《はな》を　さかせる　しょくぶつも　あります。
地球《ちきゅう》の　さまざまな　場所《ばしょ》で
きょうも　たくさんの　いきものが
生《い》きて　いるのです。

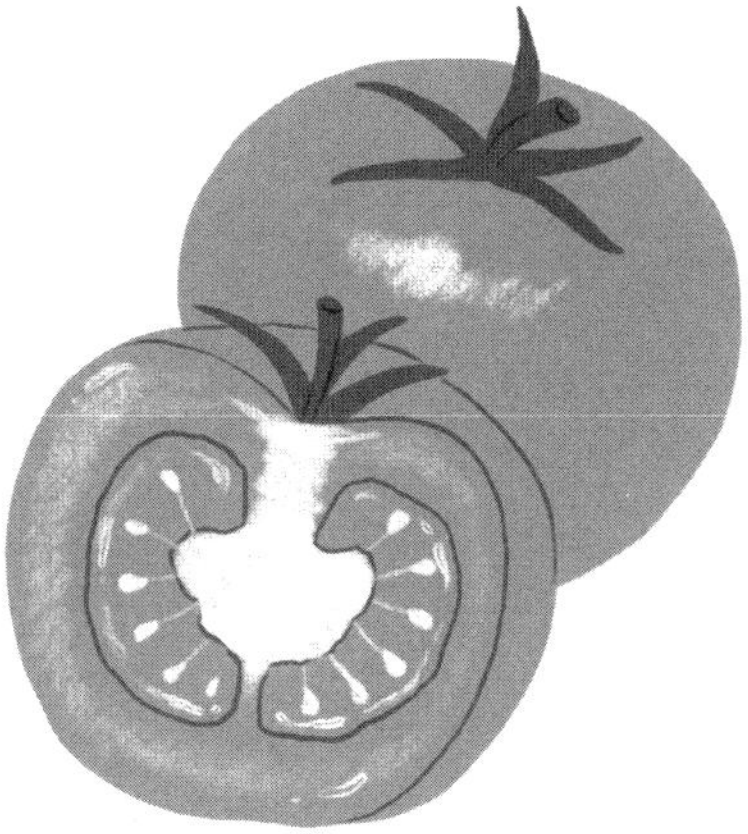

みのまわりの 草《くさ》花《ばな》や　やさい

文　栗田佳織（108～124ページ）　鈴木一馬（125～127ページ）
絵　武者小路晶子

ダイズは　すごい　へんしんが　できるって　ほんとう？

ダイズと　いう、しょくぶつを
見《み》た　ことが　ありますか。
「はたけの　肉《にく》」と　いわれるほど、
えいようが　あり、大《おお》むかしから
食《た》べられて　いる　まめの　ことです。

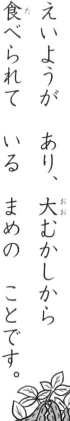

たくさんの しゅるいが ありますが、代表《だいひょう》てきな
ものは 五ミリメートルから 九ミリメートルほどの
大《おお》きさで 丸《まる》く、うすい 黄色《きいろ》を して います。
この 小《ちい》さな ダイズは、さまざまな ものに
へんしんする すごい しょくぶつなのです。
たとえば みそは、ダイズに、しおと びせいぶつで
できた「こうじ」を まぜあわせて 作《つく》ります。
びせいぶつで 食《た》べものを へんかさせる ことを
「はっこう」と いい、この はっこうの おかげで
ダイズは みそに へんしん できるのです。

しょうゆや　なっとうも、
ダイズを　はっこうさせた
はっこう食品《しょくひん》です。
とうふは、ダイズの
しぼりじるに　「にがり」を
入《い》れて　作《つく》ります。にがりとは、
海水《かいすい》から　しおを　とった
あとに　のこった　えき体《たい》の　こと。
ダイズの　しぼりじるが　にがりと
合《あ》わさる　ことで　かたまり、

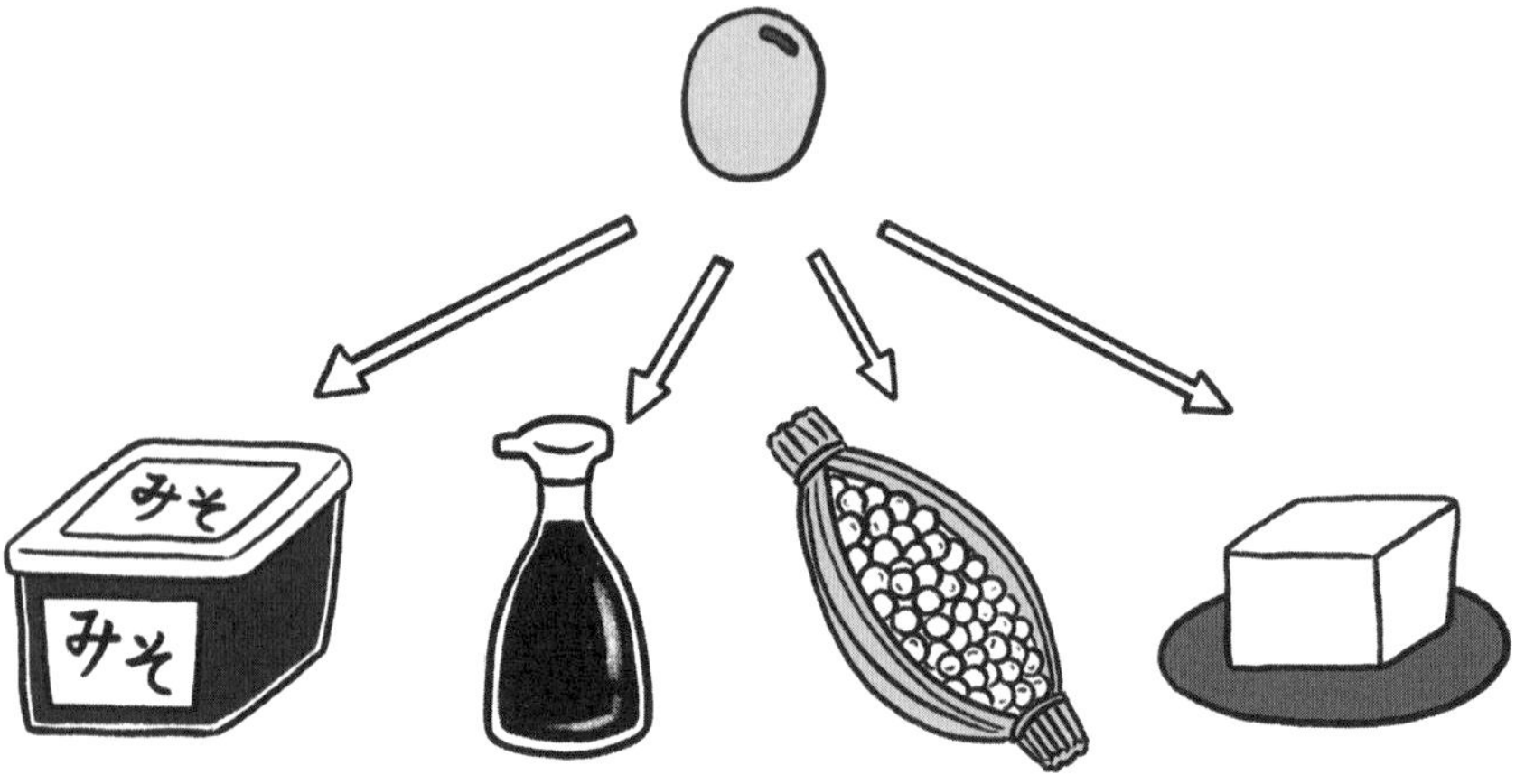

とうふに　へんしんするのです。
さらに、さいきんでは
「だいたい肉《にく》」と　いう、
どうぶつの　肉《にく》に　にた
食《た》べものの　原《げん》りょうにも
つかわれて　います。
ついに、「肉《にく》」にまで
へんしんして　しまいましたね。
ダイズの　へんしんの　すごさ、
わかりましたか。

トマトの　じゅるじゅるした　ゼリーのような　ものは　なに？

まっ赤《か》な　色《いろ》が　とくちょうの　トマトは、えいよう　たっぷりの　やさいです。トマトを　半分《はんぶん》に　切《き》ると、中《なか》に　じゅるじゅるした　ゼリーのような　ところが　ありますね。赤《あか》い　み《い》の　ところと　くらべると、あまみが

少《すく》なく、ちょっと すっぱさも あります。
いったい なんの ために あるのでしょう。
じゅるじゅるを よく 見《み》ると、
中《なか》に 黄色《きいろ》っぽい つぶが
ならんで いますね。これは
トマトの たねです。
じつは じゅるじゅるは、
この たねを まもる ために
あるのです。
トマトの えいようや

おいしさを　かんじる　せいぶんは、赤《あか》い　みの部分《ぶぶん》よりも、じゅるじゅるの　ほうに　つまって　います。ですから、どうぶつは　じゅるじゅるを　このんで食《た》べるようです。

また、この　じゅるじゅるには、たねが　めを出《だ》しにくく　する　せいぶんも　ふくまれて　います。そのため、そだちにくい　きせつなどには　めを出《だ》さないように　して　いると　考《かんが》えられて　います。

トマトの　じゅるじゅるには　生《い》きのこる　ためのちえが　つまって　いるんですね。

いまは、色《いろ》や 大《おお》きさ、形《かたち》、あじなど、さまざまな
しゅるいの トマトが あります。どれも、
じゅるじゅるに まもられ、そだって きたのです。

ジャガイモは　ねっこ？　それとも　くき？

ジャガイモや　サツマイモ、ダイコン、ニンジンなど、土《つち》の　中《なか》で　せいちょうする　やさいを「こんさい」と　よびます。

こんさいの「こん」は、「ね」と　同《おな》じ　漢字《かんじ》を　書《か》きますが、「ね」だけでは　なく、「くき」と　いう

いみも もって います。
では、ジャガイモは ねと くきの どちらでしょう。
答《こた》えは、くきです。
地下《ちか》に ある くきから さらに 細《ほそ》く のびた 部分《ぶぶん》の 先《さき》っぽが 丸《まる》く ふくらんだ ものが ジャガイモに なります。
ショウガや レンコンも 同《おな》じように、くきが 大《おお》きく なった やさいです。

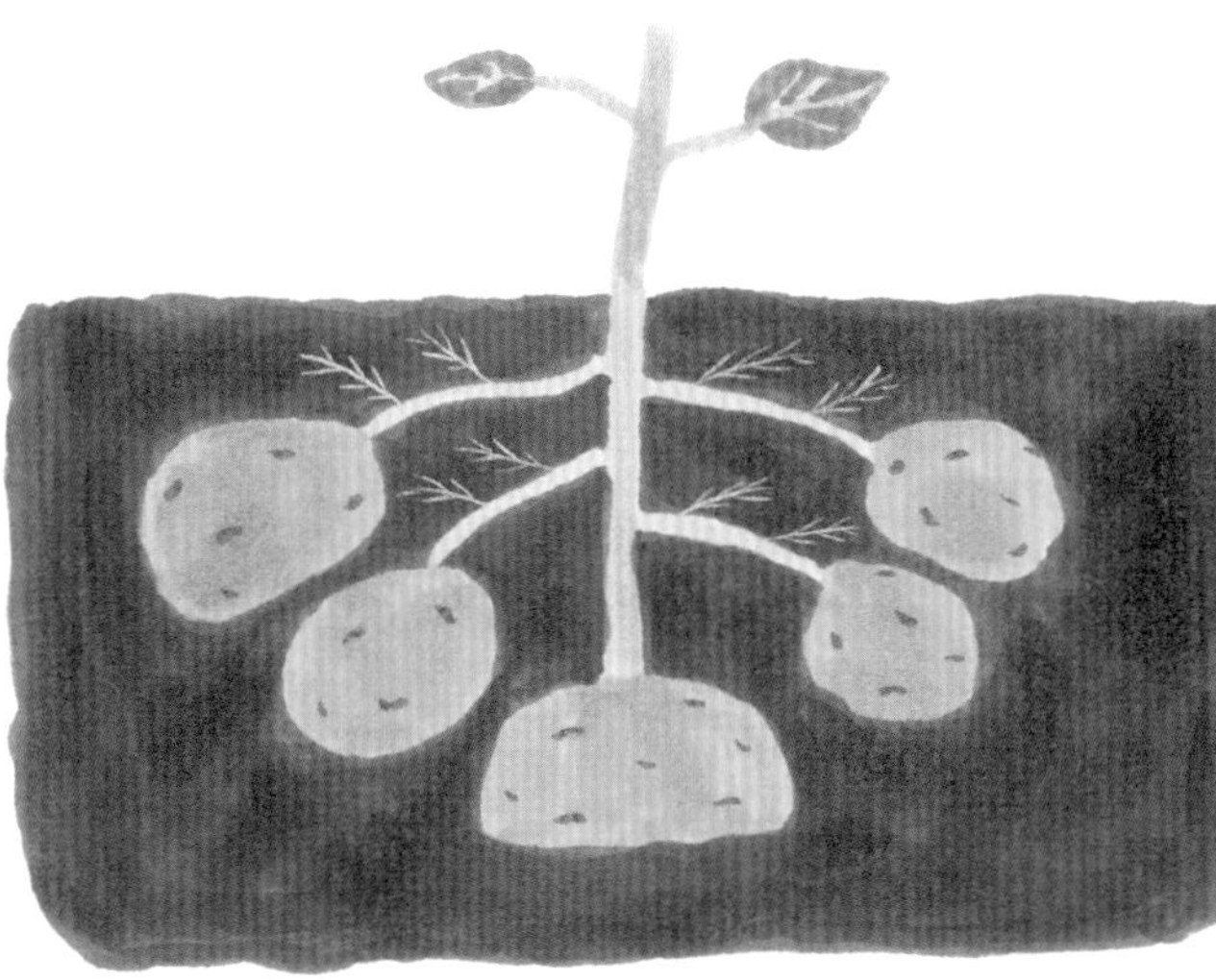

ところで、同《おな》じ　こんさいの
なかまで　ある　サツマイモは
どうでしょう。
じつは　ジャガイモと　ちがい、
ねが　そだった　もの　なのです。
ニンジンも　同《おな》じです。
こんさいの　ほかにも、はや、
花《はな》、みを　食《た》べる　ものなど、
さまざまな　やさいが　あります。

ナスが みを まもる ために やって いる ことって なに？

むらさき色《いろ》の かわが きれいな ナスは、いろいろな りょうりで 活《かつ》やくする やさいです。はたけに 生《は》えた ナスには はやくき、へたに とげが たくさん 生《は》えて います。さわると いたいほど するどい とげです。

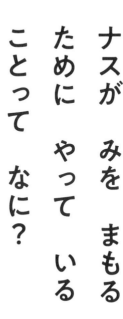

この　とげは　いったい
なんの　ために　あるのでしょう。
それは、てきから　みを
まもる　ためと　いわれて　います。
インドで　生《う》まれた　ナスは
千五百年《ねん》いじょう前《まえ》から
作《つく》られて　います。かわも
みも　やわらかい　ため、たねが　そだつまでの　間《あいだ》に
鳥《とり》や　どうぶつに　食《た》べられて　しまう　ことが
多《おお》かったのです。

そのため、するどい　とげが　あるのだと　考《かんが》えられて
います。
とくに、まだ　じゅくして
いない、わかい　ナスの
ほうが　とげが　するどく、
ささると　何日《なんにち》も　いたみが
つづきます。
さいきんでは　とげの　ない
しゅるいも　登場《とうじょう》して　います。

イチゴの つぶつぶした ものは たね？

そのまま 食《た》べても、ケーキや ジャムに しても おいしい イチゴは、くだものの 中《なか》でも 人気《にんき》が 高《たか》く、大《だい》すきと いう 人《ひと》も 多《おお》いでしょう。

その イチゴには 赤《あか》くて 丸《まる》くて、小《ちい》さな つぶつぶが びっしりと ついて いますね。

この　小《ちい》さな　つぶつぶ。たねのように
見《み》えますが、じつは　イチゴの　みなのです。
くだものの　みと　いうと、バナナや
スイカのように　やわらかくて　あまい
部分《ぶぶん》を　そうぞうしますよね。
でも、イチゴの　場合《ばあい》、赤《あか》くて
あまい　部分《ぶぶん》は、みの　土台《どだい》なのです。
では　たねは　どこに　あるかと
いうと、小《ちい》さな　つぶつぶの、
さらに　その　中《なか》に　あります。

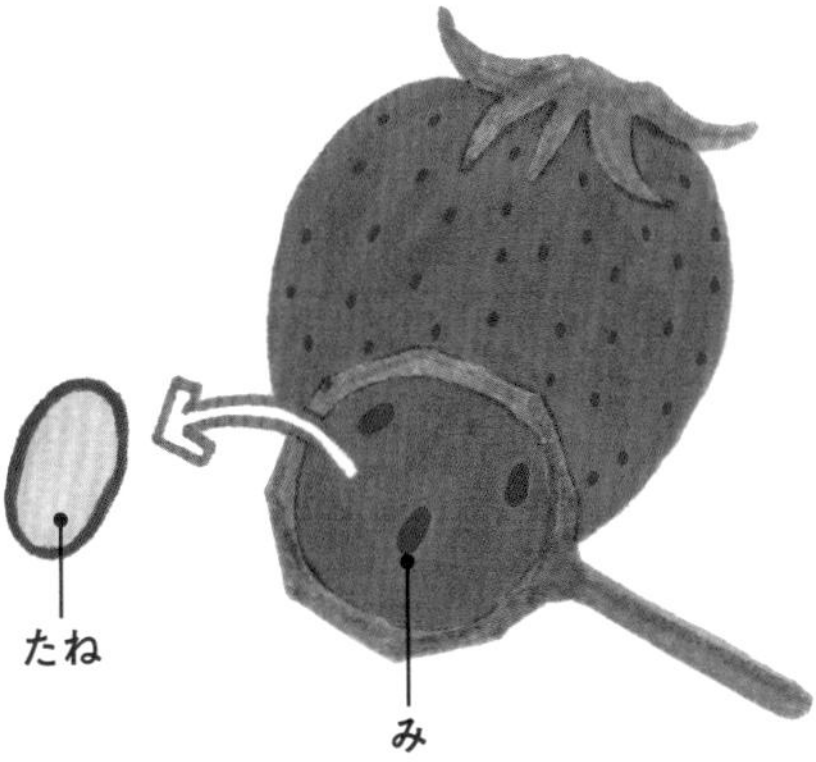

お店《みせ》に　ならんだ　イチゴから　どれを　えらぼうか、なやんだ　ときには　つぶつぶを　見《み》ましょう。
　つぶつぶが　黄色《きいろ》い　うちは　食《た》べるには　まだ　早《はや》く、赤《あか》みが　ついた　ころが　食《た》べごろと　いわれて　います。
　そして　つぶつぶの　間《あいだ》が　はなれて　いると　あまいとも　いわれて　いるんですよ。

四《よ》つばの クローバーは どうして できるの？

クローバーは　川原《かわら》などに　広《ひろ》がる　緑《みどり》の　草《くさ》で、シロツメクサと　いう　名前《なまえ》でも　知《し》られて　います。クローバーの　ほとんどが　三《み》つばですが、たまに四《よ》つばや　五《いつ》つばも　見《み》つかります。とくに「四《よ》つばの　クローバー」は、見《み》つけると

しあわせに　なると　いわれて　いる　ようです。
でも　どうして　四《よ》つばが　できるのでしょうか。
地面《じめん》の　上《うえ》に　一本《ぽん》ずつ
生《は》えて　いる　クローバーは、
じつは　土《つち》の　中《なか》で　何本《なんぼん》も
同《おな》じ　くきに　つながって　います。
そこで、地上《ちじょう》に　出《で》る　前《まえ》に
三まい一組《ひとくみ》に　なる　もとが
作《つく》られます。
ところが　人間《にんげん》や　どうぶつに

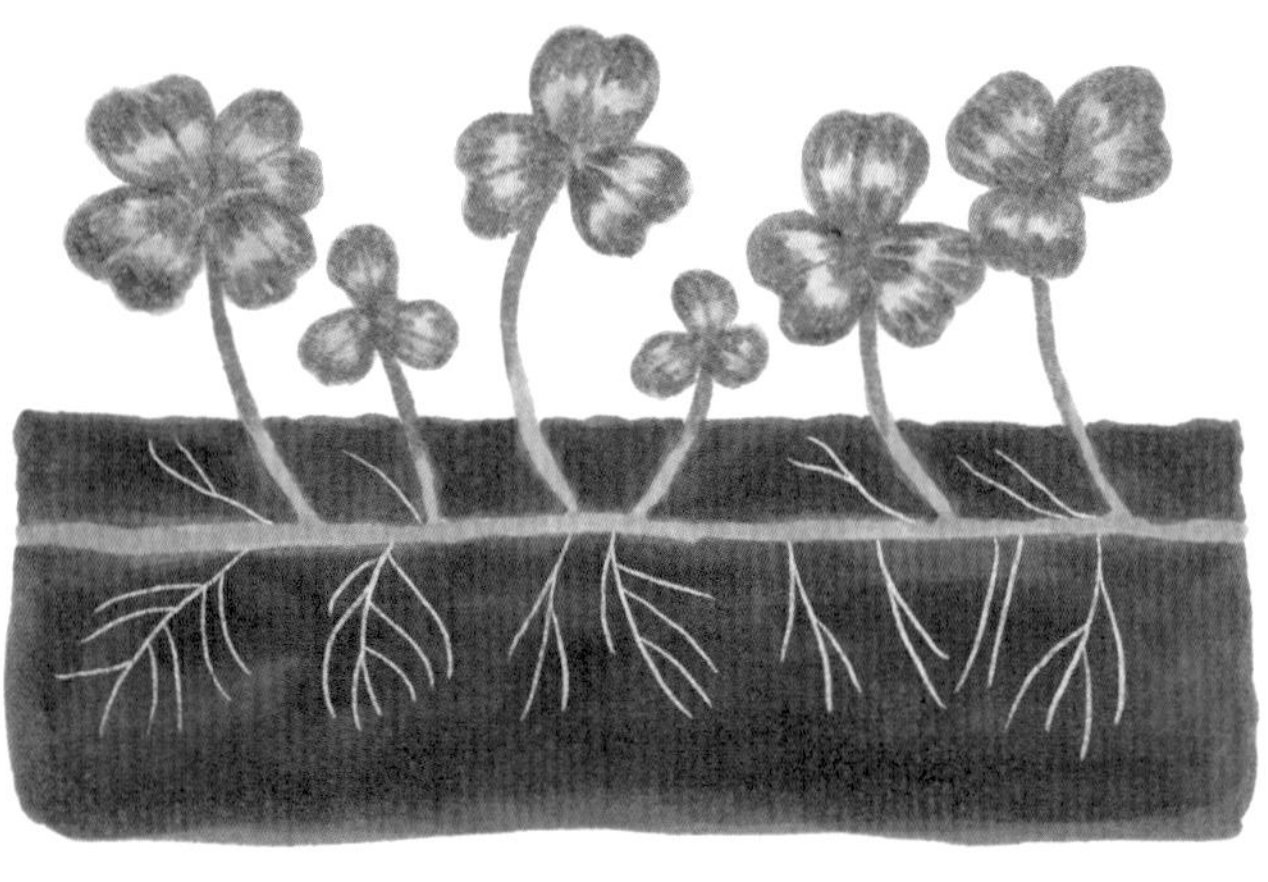

ふまれたり、力《ちから》が　くわわったり　すると、その
三まい一組《ひとくみ》の　もとが　きずつく　ことが　あります。
すると　三まいの　うちの　一まいが　二《ふた》つに
分《わ》かれて　四まいに　なって　しまう　ことが　あり、
それが　四《よ》つばの　クローバーに　なるのです。
三《み》つばに　くらべて、
とても　数《かず》が　少《すく》ないので
見《み》つけると　しあわせに
なると　いわれて
いるのかも　しれませんね。

いきもの
多《た》様《よう》性《せい》

たすけあう　いきもの

文　鈴木一馬　絵　柴田真央

いきものの　中《なか》には　生《い》きぬく　ために
ほかの　いきものを　りようする　ものが
います。
しょくぶつの　しるを　すう
アブラムシと　いう　こん虫《ちゅう》は、うごきも

ゆっくりで、体《からだ》も　やわらかい　ため、テントウムシなど　てきが　たくさん　います。

　そこで、一部《いちぶ》の　アブラムシは　体《からだ》から　あまい　しるを　出《だ》し、この　しるを　このむ　アリに　あたえます。

　そして　アリは　あまい　しるを　すう　ために、アブラムシの　てきで　ある　テントウムシを　おいはらうのです。

　海《うみ》に　すむ　イソギンチャクは、岩《いわ》などに　くっついて　いて、

どくの　ある　ひらひらと　した
しょく手《しゅ》で　えものを　とらえます。
この　イソギンチャクを、自分《じぶん》の
入《はい》って　いる　貝《かい》がらに　つける
ヤドカリが　います。
そう　すると　ヤドカリは　てきに
おそわれにくくなり、イソギンチャクは
ヤドカリに　のって　えものを　とらえる
場所《ばしょ》を　かえる　ことが　できるのです。
ヤドカリが　大《おお》きく　なって　貝《かい》がらを

かえる　ときは、新《あたら》しい　貝《かい》がらに
イソギンチャクを　つけかえます。
まるで　家族《かぞく》のようですね。
ラーテルと　いう　イタチの　なかまの
どうぶつは　はちみつを　よく　食《た》べます。
この　ラーテルに　はちみつの　ある
木《き》などを　教《おし》える　鳥《とり》が　います。
ミツオシエと　いう　鳥《とり》で、ハチの
よう虫《ちゅう》や　さなぎ、すを　食《た》べます。
でも、ミツオシエは　自分《じぶん》で　ハチの

すを　とりだす　ことが　できないので、
ラーテルに　教《おし》えるのです。

そうして　ラーテルが　とりだした
すから　はちみつを　食《た》べた　あとに、
ミツオシエは　よう虫《ちゅう》などを　食《た》べます。

生《い》きる　ために　手《て》を　とりあった
いきものたち。きょう力《りょく》しあう
すがたは　しぜんの　きびしさを
教《おし》えて　くれます。

みのまわりのどうぶつや虫《むし》

文　入澤宣幸（145ページ～147ページ）
こざきゆう（134ページ～140ページ、156～159ページ）
鈴木一馬（141ページ～144ページ、148～155ページ）
絵　ノダタカヒロ（京田クリエーション）

ミミズの食《た》べものってなに？

はたけや　花《か》だんの　土《つち》から、ミミズが　出《で》て　きて
びっくりした　ことは　ありませんか。
ちょっと　苦手《にがて》と　いう　人《ひと》も　いるでしょう。
でも、ミミズは、じつは　やさいや、花《はな》などの
しょくぶつを　そだてるのに、大活《だいかつ》やくする

ありがたい いきものなんですよ。
土《つち》の 中《なか》には、しょくぶつや どうぶつが もとに
なった えいよう分《ぶん》が、たくさん ふくまれて います。
ミミズの ごはんは この
えいよう分《ぶん》です。
ミミズは 土《つち》を 丸《まる》のみして
えいよう分《ぶん》を 食《た》べるのですが、
このとき、土《つち》は いらないので、
体《からだ》の 外《そと》に 出《だ》して しまいます。
ミミズが 食《た》べて 出《だ》した 土《つち》は、

ふわふわで、とても　やわらかく、
水《みず》や　空気《くうき》を　ふくみやすく
なります。
しょくぶつは、かたい　土《つち》より、
このような　やわらかい　土《つち》の
ほうが、よく　そだちます。
ですから、ミミズの　いる
はたけは　ミミズの　おかげで
よい　土《つち》に　なるのです。

カラスは どのくらい かしこいの？

生《なま》ゴミを あさるし、カーカーと うるさく 鳴《な》くし、カラスは、人《ひと》から、あまり いい イメージを もたれません。

でも、じつは、とても かしこい いきものなのです。

たとえば、カラスは、なかまと いっしょに、

すべり台《だい》を　すべったり、
ボールを　けりあうなど、
まるで「あそび」のような
ことを　します。
　このような　行動《こうどう》は、
ヒトいがいでは、サルや、
イヌなど、高《たか》い　ちのうを
もつ　いきものしか　しません。
また、くちばしで、水道《すいどう》の
じゃ口《ぐち》を　ひねって　水《みず》を

出《だ》して のんだり、かたい 食《た》べものを 道路《どうろ》に おき、自動車《じどうしゃ》に ひかせて、わって 食《た》べたりも します。

その ちえに おどろかされますが、じつは、カラスは のうが とても はったつ して いるのです。

じっけんに よれば、カラスは、人間《にんげん》の 顔《かお》の くべつが つき、おぼえる ことが できます。

また、数《かず》の 大小《だいしょう》も りかいする ことが わかりました。

これらは、日本の カラスの 話《はなし》でしたが、外国《がいこく》には、さらに すごい カラスが います。

ニューカレドニア島《とう》の　ニューカレドニアガラスは、しょくぶつの　はを　細長《ほそなが》く　切《き》り、木《き》の　あなに　いる　虫《むし》を　ほじくりだして　食《た》べるのです。そう、自分《じぶん》で　道具《どうぐ》を　作《つく》って　しまうのです。

カブトムシの 角《つの》は いつ 生《は》えるの？

カブトムシと いえば 大《おお》きな 角《つの》。この 角《つの》は オスにしか ありませんが、いつ 生《は》えてくるのでしょう。

カブトムシは 夏《なつ》の 後半《こうはん》に 土《つち》の 中《なか》に たまごをうみます。

秋《あき》に　たまごから　かえると
よく年《ねん》の　春《はる》まで　よう虫《ちゅう》で
すごします。
よう虫《ちゅう》は　おちばなどから
できた　土《つち》を　食《た》べて　大《おお》きく
なる　ため、よう虫《ちゅう》の　口《くち》には
大《おお》あごが　あります。
しかし　大《おお》あごは　あっても
まだ　角《つの》は　ありません。
いったい、いつ　生《は》えて　くるのでしょうか。

それは 夏《なつ》の はじめに、さなぎに なった ときです。
ついに このとき、オスには 角《つの》が 出《で》て きます。
メスの さなぎには 角《つの》は ありません。
オスの さなぎは、それから
三、四週間《しゅうかん》すると
りっぱな 角《つの》を もつ
せい虫《ちゅう》に せいちょうして
地上《ちじょう》に 出《で》て くるのです。
では、カブトムシの よう虫《ちゅう》が
オスか メスか、どこを 見《み》れば

ちがいが　わかるのでしょうか。
よく見《み》ると、オスの　はらの
先《さき》の　ほうには　うすい
「V《ブイ》」の　もようが　あります。
カブトムシの　よう虫《ちゅう》を
そだてる　ことが　あったら
かんさつして　みてくださいね。

なぜ テントウムシは つるつるした 草《くさ》の くきでも のぼれるの？

赤《あか》くて、黒《くろ》い もようの ある テントウムシ。草《くさ》の つるつるした くきや ガラスの まどなどを、なぜ すべりおちずに のぼれるのでしょうか。

ひみつは、あしに 生《は》えて いる 毛《け》に あります。たとえば、つぎの 絵《え》は、ナナホシテントウの あしを

かく大《だい》して　見《み》た　ものです。
細《こま》かい　毛《け》が、びっしりと
生《は》えて　いますね。
この毛《け》を　くきや　ガラスの
くぼみに　引《ひ》っかけて
のぼって　います。
虫《むし》めがねや　けんびきょうで
見《み》ると　わかりますが、
つるつるして　見《み》える　くきや　ガラスも、じつは
ひょうめんが　でこぼこして　いるのです。

だから テントウムシは、草《くさ》の くきで しるを すう アブラムシを 食《た》べる ことも できるのですね。

スズメバチは よう虫《ちゅう》から 食《た》べものを もらうって ほんとう？

スズメバチは きけんな こん虫《ちゅう》の 一《ひと》つで、ささされると しんで しまう ことも あります。ほかの こん虫《ちゅう》を つかまえて 食《た》べるような イメージが ありますが、じつは 自分《じぶん》で 食《た》べる わけでは ありません。

スズメバチの　はたらきバチは　ほかの　こん虫《ちゅう》を
つかまえると、かみくだいて　肉《にく》だんごに　して
しまいます。これを　自分《じぶん》では
食《た》べず、よう虫《ちゅう》の　食《た》べものに
するのです。
一方《いっぽう》の、よう虫《ちゅう》は
肉《にく》だんごを　食《た》べ、体《からだ》から
えいようの　ある　えきを
出《だ》します。
この　えきが　はたらきバチの

食《た》べものなのです。ほかには　花《はな》の　みつや　木《き》から出《で》る　じゅえきを　なめたりも　します。
また　秋《あき》には　よう虫《ちゅう》の　食《た》べもので　ある　こん虫《ちゅう》が少《すく》なく　なる　ため、スズメバチは　こうげきてきになります。
ときには　ミツバチの　すを　しゅうだんでおそって　ぜんめつさせる　ことも　ある　ほどです。
なにも　しなければ　人間《にんげん》を　おそう　ことはありません。ですが　ちゅういが　ひつようです。
黒《くろ》い　ものや　うごく　ものが

こうげきされやすいので、スズメバチが 出《で》そうな
ところに 行《い》く ときは 黒《くろ》い ふくそうは やめ、
もし 出《で》あって しまったら、ゆっくり はなれましょう。

いろいろな　色《いろ》の　バッタが　いるのは　なぜ？

バッタには　多《おお》くの　なかまが　いますが、緑色《みどりいろ》の　ものが　多《おお》い　イメージが　ありますね。

バッタは　おもに　草《くさ》を　食《た》べます。だから、緑色《みどりいろ》の　体《からだ》は　草地《くさち》に　いると　目立《めだ》たず、てきからも　見《み》つかりにくく　なります。

バッタの 中《なか》には、川原《かわら》や 小石《こいし》の 多《おお》い ところに すんで いる ものも いて、茶色《ちゃいろ》や はい色《いろ》の 体《からだ》を して います。

やはり てきに 見《み》つかりにくい 色《いろ》ですね。

ところで、トノサマバッタと いう バッタを 知《し》って いますか。頭《あたま》が 丸《まる》くて 大《おお》きな バッタで、体《からだ》の 色《いろ》は 緑色《みどりいろ》と 茶色《ちゃいろ》が まざって います。

ひらけた　草地《くさち》に　すんで　いるため、草《くさ》の　緑色《みどりいろ》と
地面《じめん》の　茶色《ちゃいろ》が　まざった　色《いろ》は　目立《めだ》ちにくいのです。
トノサマバッタの　体《からだ》は、かんきょうによって　色《いろ》が
かわる　ことが　わかって　います。
なかまが　たくさん　いると
黒《くろ》っぽく　なりますが、
それほど　多《おお》くない　ときは、
すんで　いる　ところの　色《いろ》に
近《ちか》く　なるようです。
たとえば、草《くさ》が　生《お》いしげって　いる

ところでは　緑色《みどりいろ》が　多《おお》く　なるのです。
　ちなみに、トノサマバッタは
後《うし》ろあしが　大《おお》きく、力《ちから》も
強《つよ》いので　高《たか》く　ジャンプが
できます。
　とびあがった　あとに
羽《はね》を　広《ひろ》げて、ときには
百メートル近《ちか》く
とぶ　ことも　あるんですよ。

フンコロガシは なぜ ふんを ころがすの？

カブトムシや　クワガタムシなど　人気《にんき》の　こん虫《ちゅう》の
なかまに、フンコロガシが　います。
すがたこそ　カブトムシに　にて　いるのですが、
大《おお》きな　ちがいが　あります。
それは、どうぶつの　うんこ、つまり、ふんを

食《た》べる「ふん虫《ちゅう》」の なかまの 一《ひと》つと いう こと。
名前《なまえ》からも わかるように、フンコロガシは 丸《まる》めた
ふんを ころがして はこびます。
さかだちして 後《うし》ろあしで
ふんを おして いく すがたは
ユーモラスでも ありますね。
フンコロガシは、どうぶつが
ふんを すると、その しんせんな
においを かぎつけ、すぐさま、
とんで いきます。

そして、ふんを　ボールのように
丸《まる》めると、さかだちを　して、長《なが》い
後《うし》ろあしで　ころころと　ころがして
はこんで　いきます。
すぐに　食《た》べずに　ころがすのは、
ほかの　ふん虫《ちゅう》に　うばわれず、
あんぜんな　場所《ばしょ》に　はこぶ
ためなのです。
また、ほかにも　けっこん、子《こ》そだての　ためにも、
ふんを　ころがします。

フンコロガシの　オスが、ふんを　ころがすと、
メスが　よって　きて、カップルに　なります。
そして、あんぜんな　場所《ばしょ》に、ふんを　うめると、
メスは　たまごを　うみつけます。
ふんの　中《なか》で、たまごから
かえった　よう虫《ちゅう》は、まわりの
ふんを　食《た》べながら　大《おお》きく　なり、
ふんから　出《で》て、親《おや》と　同《おな》じく、
ふんを　ころがして　生《い》きるのです。

いきものと 人《ひと》の共生《きょうせい》

ゾウの うんちの つかい方《かた》

文 神尾あんず 絵 小倉正巳

ゾウは、大《おお》きな うんちを します。
人間《にんげん》の 頭《あたま》ぐらい ある、りっぱな
うんちです。
それを、立《た》った まま、ポトン。
食《た》べものを 食《た》べながらも、ポトン。
ぜんぶ あつめると 一日《にち》で
百五十キログラムくらいの うんちを します。

でも、おどろくのは　まだ　早《はや》いですよ。
じつは、ゾウの　うんちには、びっくりするような
つかい方《かた》が　あるのです。
たとえば、アフリカの　マサイぞくの　人《ひと》は、ほした
ゾウの　うんちで、麦茶《むぎちゃ》のような　のみものを　作《つく》ります。
つかれた　ときや　病気《びょうき》の　ときに、この　のみものを
のむと、元気《げんき》が　わいて　くるそうです。
どんな　せいぶんが　きいて　いるかは、わかりません。
また、東南《とうなん》アジアの　タイでは、ゾウの　うんち
コーヒーが　「おいしい」と　話題《わだい》に　なって　います。

これは、ゾウに
コーヒーの　みを　食《た》べさせて、
三十時間後《じかんご》に、うんちに
まざって　出《で》て　きた　まめで
いれた、コーヒーです。

　コーヒーまめは
かたいので、ゾウの
おなかでは　しょうか
されませんが、ゾウの　いや
ちょうの　はたらきで、

あまい　かおりが　つき、やさしい　あじになるそうです。

　このコーヒーは、一ぱい　二千五百円《えん》と　高級《こうきゅう》ですが、ざっしや、インターネットで　しょうかいされて、せかい中《じゅう》で　大人気《だいにんき》。

　みんな、どれくらい　おいしいのか、ためしてみたいのでしょう。

　もちろん、コーヒーまめは　きれいに　あらって、火《ひ》で　こげるまで　いってから　つかいます。きたなくなんか、ありませんよ。

スリランカには、ゾウの　うんちから、紙《かみ》を　作《つく》って
いる　工場《こうじょう》が　あります。
「うんちなんかで、紙《かみ》が
できる　ものか！」と、
うたがって　いる　人《ひと》の
ために、どのように　して
紙《かみ》が　作《つく》られるかを、
しょうかいしましょう。
まず、ゾウの　うんちを
一週間《しゅうかん》ぐらい　かわかします。

ゾウの　うんちから　紙《かみ》を　作《つく》る　方法《ほうほう》

1週間《しゅうかん》ぐらい、かわかす。

しっかり　かわいたら、
その　うんちを　手《て》で
ていねいに　ほぐします。
それから　大《おお》きな
ドラムかんに　入《い》れて、
じっくり　にて　いきます。
このときに、あせっては
いけません。
少《すく》なくとも　二十四時間《じかん》は、
ぐつぐつと　にたてます。

24時間《じかん》いじょう、にたてる。

うんちを　手《て》で　ほぐす。

すると、さいきんが　しに、
草原《そうげん》に　いるような　よい
においが　して　きます。
つぎに、それを　古《ふる》い
紙《かみ》と　いっしょに　して、
きかいで　細《こま》かく　しながら
まぜあわせ、とろりと　した
えき体《たい》に　して　いきます。
その　えき体《たい》を　水《すい》そうに
入《い》れたら、つづいて

うんちと　古《ふる》い　紙《かみ》を　どろどろに　まぜて、水《すい》そうに　入《い》れる。

「紙《かみ》すき」の　作業《さぎょう》です。
四角《しかく》い　かたを　水《すい》そうに
入《い》れて、えき体《たい》を　かたに
うすく　広《ひろ》げます。
水分《すいぶん》を　切《き》って、よく
かわかしたら、かんせい。
できあがった　紙《かみ》は、
あつみが　あって、
しっとりと　やわらかく、
和紙《わし》に　にて　います。

かわかして、紙《かみ》の　できあがり。

「紙《かみ》すき」。えき体《たい》を　かたに、うすく　広《ひろ》げる。

でも、なぜ　ゾウの　うんちから
紙《かみ》が　できるのでしょう。
ゾウは　草食《そうしょく》どうぶつで、木《き》の
はや　かわ、ねっこ、やさいや
くだものなどを　食《た》べます。
こうした　食《た》べものには、糸《いと》のような
「せんい」が　多《おお》く　ふくまれて　います。
せんいは　いで　しょうか　されずに、
そのまま　うんちと　して　体《からだ》の　外《そと》に　出《だ》されます。
だから、ゾウの　うんちは、せんいの　かたまりです。

ところで、ふつうの　紙《かみ》は　なにで　できて　いるか
知《し》って　いますか。
「パルプ」と　いう、木《もく》ざいから　作《つく》られた　せんいです。
つまり、ゾウは　おなかの　中《なか》で、パルプ工場《こうじょう》のように、
せっせと　せんいを　作《つく》り、
外《そと》に　出《だ》して　いるのです。
それで、ゾウの
うんちからも　紙《かみ》を
作《つく》る　ことが　できると
いう　わけですね。

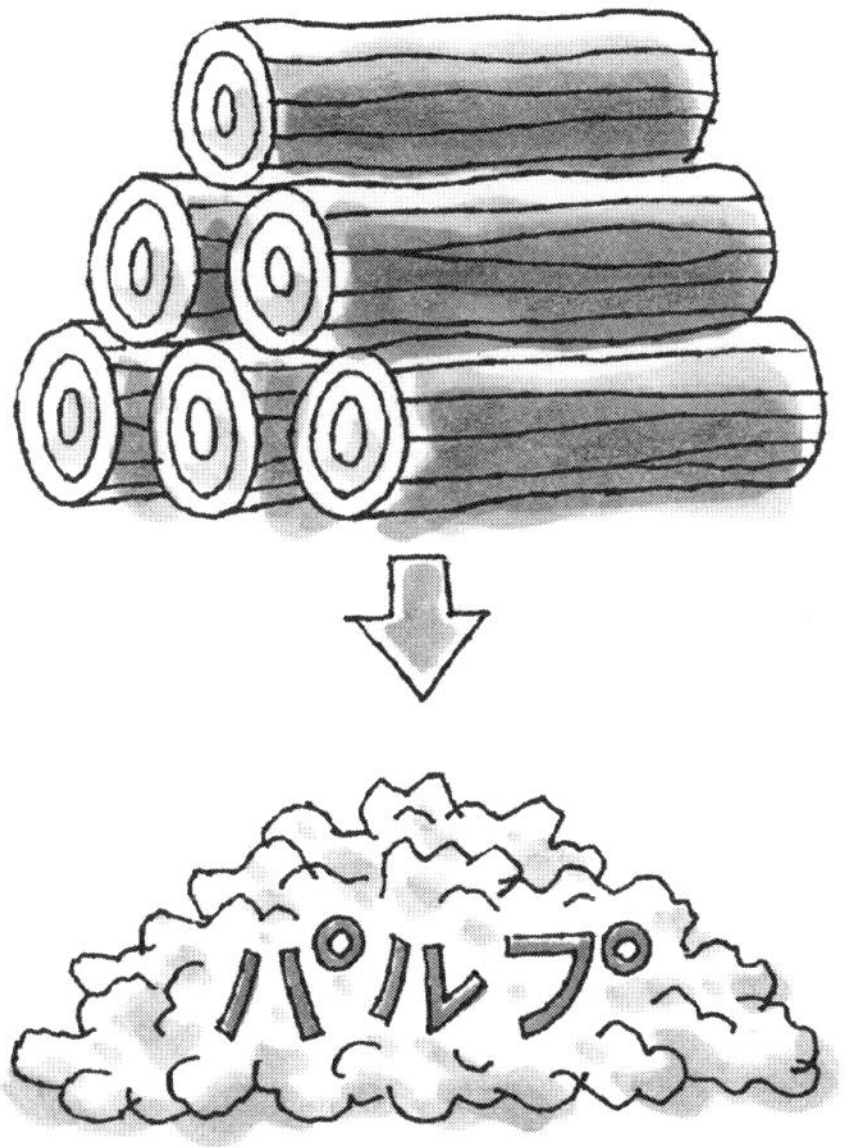

それにしても、どうして　ゾウの　うんちで　紙《かみ》を　作《つく》る　ことに　したのでしょうか。

スリランカの　人《ひと》と　ともに　工場《こうじょう》を　作《つく》った　植田紘栄志《うえだひさし》さんは　こう　いいます。

「それは　ゾウと　人《ひと》が　なかよく　なる　ためです。」

スリランカの　人《ひと》びとに　とって、むかしから、ゾウは　身近《みぢか》な　どうぶつでした。

ジャングルには、野生《やせい》の　ゾウが　たくさん　います。

ゾウつかいは　ゾウを　かいならして、おもたい　にもつを　はこばせて　きました。

また、人《ひと》びとは、ゾウを
かみさまの　つかいと
して、たいせつに　して
いたのです。
ところが　さいきん、
木《き》が　どんどん　切《き》られ、
ゾウの　すみかや
食《た》べものが　へって
きて　いると　いいます。
そのために　野生《やせい》の　ゾウが、人里《ひとざと》にまで　あらわれ、

はたけなどを　あらす　ことも　ふえました。
いまでは　野生《やせい》の　ゾウの　数《かず》は　へりましたが、
ゾウの　ことを「じゃまだ」と、
かんじて　いる　人《ひと》も　いるようです。
でも、長《なが》い　間《あいだ》、人《ひと》と　ゾウは、
ともに　生《い》きて　きました。
「ゾウの　うんちから　できた
紙《かみ》を　見《み》て、たくさんの　人《ひと》に、
ゾウと　人《ひと》は　きょう力《りょく》しあえる
ことを　知《し》って

もらいたいのです。」
と、植田紘栄志《うえだひさし》さんは　いいます。
ゾウの　うんちから　できた　紙《かみ》は、「ぞうさん
ペーパー」と　して、せかいへ　ゆしゅつされて　います。
日本でも、どうぶつ園《えん》の　お店《みせ》などで　売《う》られて　いて、
その　売《う》り上《あ》げ金《きん》の　一部《いちぶ》は、スリランカの　ゾウを
まもる　活動《かつどう》に　つかわれて　いる　そうです。
つまり、ゾウの　うんちは、ゾウを　まもる
ためにも　やくだって　いるのです。
ゾウの　うんちって、すごいですね。

おうちの方へ

杉野さち子

◇◇◇

二年生の子どもたちは、幼児期から続く、生き物を自分と重ねたり、友だちのように感じたりする時期の最終段階かと思います。これまで育んだ感受性を使って、「生き物のなぜ」を考えることは、「生きる」ことへの想像力を豊かにし、自他の生命を大切なものと実感することにつながると考えます。大人だって、動物も植物も、さまざまな環境で、知恵を絞って実にたくましく生きていることに、とても驚かされます。

本書は、冒頭で、季節や場所という環境との関係から、「生き物のなぜ」を考えることで、本文へといざなうように構成しています。一貫して、生き物の共通性や多様性に目が向くことをねらっています。これは、三年生から始まる理科で働かせたい科学的な見方……つまり、生命を見るときの「めがね」をもつということです。これに加え、時間や空間を少し広げて見られるようにしています。コラムでは、命をつなぐ、外敵から身を守る、共生関係など、長い年月や、周りの環境との関わりについて扱っています。種類の違う生き物が、環境に応じて、それぞれ作戦をもって生きていることに気付いてもらえるとうれしいです。

また、今までの見え方を見直すようなお話があるのも特徴です。例えば、托卵といえばカッコウは悪者ですが、実は近くで見守っていることも紹介されています。最後のコラムの、ゾウと人間との共生についても、視点を転換するきっかけとなるでしょう。

ちょっと読書が苦手だなというお子さんも、生き物が苦手だなというお子さんも、短い時間で気軽に読めて、興味を広げられると思います。お話の最後には、「この植物はどうかな」とか、「他にも同じような動物がいるかな」と新たな疑問がわくかもしれません。そんなときはチャンスです。保護者の皆さまには、一緒に考えたり、調べたりしていただけるとありがたいです。お子さんが、自分の興味を基に、探究していくスタートになるはずです。

杉野さち子（すぎの　さちこ）

1971年北海道生まれ。北海道教育大学大学院修了。札幌市立小学校に教員として勤務。全国小学校理科研究会等で理科授業を発信。大学で非常勤講師を務め、教員養成に関わる人材育成に携わる。現在お茶の水女子大学附属小学校にて教員として勤務。理科における学習評価や低学年教育を中心に実践研究を行う。ソニー科学教育研究会企画運営副委員長、理科三団体連携編集委員を務める。日本理科教育学会優秀実践賞、全国大会発表賞受賞。「子どもと深い理解をつくる授業を目指して」（理科の教育）、「子どものエージェンシーを支える教師の役割」（初等理科教育）、「アセスメント・リテラシーに基づく実践の公開と省察」（理科の教育）などを執筆。

総合監修　杉野さち子
監修　小宮輝之（動物、昆虫）
北澤哲弥（植物）
文　粟田佳織　入澤宣幸　神尾あんず　こざきゆう　鈴木一馬
表紙絵　スタジオポノック／百瀬義行　©STUDIO PONOC
絵　小倉正巳　こやまもえ　さはらそのこ　柴田真央　ノダタカヒロ（京田クリエーション）
町田ヒロチカ　武者小路晶子　ヤブイヌ製作所
装丁・本文デザイン　株式会社マーグラ（香山大）
編集協力　鈴木一馬　谷口晶美
校閲・校正　上埜真紀子　鈴木進吾
DTP　株式会社アド・クレール

よみとく10分
なぜ？ どうして？ いきもののお話　2年生

2024年6月25日　第1刷発行

発行人　土屋 徹
編集人　芳賀靖彦
企画編集　柿島 霞
発行所　株式会社Gakken
〒141-8416 東京都品川区西五反田 2-11-8
印刷所　図書印刷株式会社

※本書は、『なぜ？ どうして？ 動物のお話』（2011年刊）の文章を、
読者学齢に応じて加筆修正し掲載しています。

この本に関する各種お問い合わせ先
• 本の内容については、下記サイトのお問い合わせフォームよりお願いします。
https://www.corp-gakken.co.jp/contact/
• 在庫については　Tel 03-6431-1197（販売部）
• 不良品（落丁・乱丁）については　Tel 0570-000577
学研業務センター　〒354-0045 埼玉県入間郡三芳町上富 279-1
• 上記以外のお問い合わせは　Tel 0570-056-710（学研グループ総合案内）